张玉国
刘琳琳
冯磊
编著

提问的技巧

TECHNIQUES FOR ASKING QUESTIONS

中国纺织出版社有限公司

内 容 提 要

人生路上，提问无处不在。苏格拉底说："其实我一无所知，我只是善于提问而已。"提问是人际交往的必备技能，也是解决问题的有力工具，更是丰富思想的必备方法。学会提问，不但能优化工作方法，提升领导力、谈判力，还能融洽人际关系，进而指导我们更轻松地工作和生活。

本书是一本抓住问题本质的沟通力指南，它围绕"提问"展开，针对我们生活、工作和社交中方方面面需要沟通的问题，总结出各种富有艺术性的提问技巧来提高沟通效率，从而使我们提升自身影响力，掌控人生主动权。

图书在版编目（CIP）数据

提问的技巧 / 张玉国，刘琳琳，冯磊编著. -- 北京：中国纺织出版社有限公司，2025.7. -- ISBN 978-7-5229-2531-8

Ⅰ.B842.5

中国国家版本馆CIP数据核字第2025V1A391号

责任编辑：赵晓红　　责任校对：高　涵　　责任印制：储志伟

中国纺织出版社有限公司出版发行
地址：北京市朝阳区百子湾东里A407号楼　邮政编码：100124
销售电话：010—67004422　传真：010—87155801
http://www.c-textilep.com
中国纺织出版社天猫旗舰店
官方微博 http://weibo.com/2119887771
天津千鹤文化传播有限公司印刷　各地新华书店经销
2025年7月第1版第1次印刷
开本：880×1230　1/32　印张：7.25
字数：128千字　定价：49.80元

凡购本书，如有缺页、倒页、脱页，由本社图书营销中心调换

前言

在生活中，我们从小就被父母长辈们教育凡事"不懂就要问"，正所谓"敏而好学，不耻下问"，无论是学习还是生活，他们都主张敢于提问、善于提问。但后来随着年龄的增长、生活阅历的增多、学生时代的结束，我们发现，好像我们越来越不会问问题了，甚至觉得"提问"变得丢脸了，因为"提问"意味着要袒露自己的脆弱、承认自己的不足，然而，我们忽略了一点，任何时候，提问都是一种不可替代的学习方法，提问可以使我们的思想变得更加丰富，可以使我们朝着新的上升征途更进一步。

另外，随着我们步入社会、进入职场，提问更是变得越来越重要。因为无论是上下级之间还是同事之间的沟通，我们都需要以提问为引导，以此更快更好地解决问题、提升工作效率，而在人际交往中，正确运用提问可以活跃社交氛围、释放影响力；而在生活中，对父母与爱人，提问更能营造出温馨的家庭气氛，至于孩子的教育问题，也重在提问，好的问题才能够从孩子口中获得好的答案。

当然，提问除了存在于各种各样的场合之中，还存在于一些特定的职业中。以教师为例，在课堂教学中，教师使用最多的技巧就是提问，教师善于提问，可以激发学生从多维度思考问题，开发学生的独立思考能力和创造性思维，而面试官擅长的就是提问，从不同的问题之中可以快速地了解一个人的真实情况。

既然提问是重要的，那么如何提问则成为至关重要的环节。如果提问不到位，即便被提问者满腹经纶，提问者也只能空手而回。提问方式有很多种，或开放式或封闭式，或直截了当或旁敲侧击，通过各种方式，引出对方的妙语高论，这才是成功的提问。

当然，需要注意的是，任何提问技巧的实施都必须有一个前提条件，即谦逊。对于那些认为自己无人能敌的人而言，他们的脑袋里是不存在"提问"一词的。那样的人在未来是不会有上升的余地的。

可见，提问不同，人生便不一样，因为提出问题比给出答案更重要。

那么，我们该如何掌握提问的要义呢？这就是我们编写本书的初衷，本书从提问意识、提问能力、提问技巧入手，分析提问与心理之间紧密的关系，总结出各种富有艺术性的提问来提高沟通效率，从而令我们提升自身影响力。阅读本书并认真研习其中的技巧与法门，相信你也能在工作和生活中做到游刃有余。

值此同时，更需要感谢黄仁杰老师在对本书的撰写与编著过程中，给予了许多宝贵的意见与指导，让内容除了有理论更有符合眼前当下新时代的实务案例。

编著者

2024年1月

目 录

001 第 1 章
学会正确提问，起到一石激起千层浪之效果

提问，能从他人口中获取你想要的信息 - 002

提问式的语句，更能深入人心 - 007

说服对方，从提问开始 - 011

旁敲侧击地提问，善于寻找答案 - 014

苏格拉底的有效问答法 - 018

学习中大胆提问，才能加深对知识的理解 - 022

027 第 2 章
做足准备，提问不可毫无章法

做足准备，你可以问得更好 - 028

向优秀者提问与请教时，要放低姿态 - 032

察言观色，针对对方想听的内容开始问起 - 036

先倾听，才能完美提问 - 040

留心观察，洞悉一切 - 044

049 第 3 章
提问有方，巧妙引导进入你的"思维陷阱"

运筹帷幄，一问一答中掌控对方思路 - 050

妙用提问法化解沟通障碍 - 052

引导提问，让对方多说 - 057

运用封闭式提问，成功潜入对方的思维 - 061

掌握提问的技巧，让对方自行得出答案 - 065

话要巧说，提问也要用对方喜欢的方式 - 068

073 第 4 章
提问是沟通的桥梁，快速拉近彼此关系

提开放性问题，能营造良好的沟通氛围 - 074

通过提问，激发对方的好奇心 - 078

发问之前，先来点儿赞美 - 081

用提问打开沟通的话题，转交对话主导权 - 086

"二选一"提问法，轻松帮你达成沟通目的 - 089

095 第 5 章
提问是识破伪装的有力工具，会问才能让谎言不攻自破

从细节上发问，探明真相 - 096

提刺激性的问题，观察对方的反应与态度 - 099

提问后观察对方的反应速度，以此辨别真伪 - 103
提重复的问题，看对方给出的答案是否统一 - 106

第 6 章 `111`
提问能增强领导力，令下属无话不说

领导者提出的问题要具体，下属才容易回答 - 112
领导者所提的问题应该有分寸，因人制宜 - 116
巧妙铺垫与引导，提问才不会生硬和突兀 - 120
先倾听下属说什么，再适时提问引导话题 - 124
适时提开放式或封闭式的问题，达成沟通目的 - 129

第 7 章 `133`
提问是谈判的武器，问到重点才能解决问题

谈判时先抛出一个问题，逐步引导套出对方实话 - 134
谈判中遇到刁难时，巧把问题重新"踢"给对方 - 137
谈判中恰当反问对方，变被动为主动 - 141
谈判陷入僵局，运用提问化解矛盾 - 144
找到对方语言中的漏洞，适时反问对方 - 146

第 8 章 `151`
提问是有力的课堂教学方法，引导学生积极思考

提问，有助于学生独立思考能力的开发 - 152
巧设提问，激活学生思维 - 155

提问的技巧

教师应掌握的十大提问方法 - 159

当学生撒谎时，如何运用提问法找到真相 - 164

借助黄金圈理论提问，目标更明确 - 166

第 9 章
171 别忽视销售中的探雷式提问，90%的订单都是问出来的

提问要巧妙，要先从客户感兴趣的话题问起 - 172

运用提问，能摸清客户的真实想法 - 174

如何通过提问探出客户的经济实力 - 177

因人而异，对不同性情顾客的提问方法 - 182

销售人员要学习的七种提问方式 - 184

优化提问方式，体现出客户专家的水平 - 187

向客户提问，要把握好分寸 - 190

不断追问，让客户下定购买决心 - 193

第 10 章
199 提问是家庭关系的润滑剂，用点心思让家和万事兴

意见不合时，先倾听再询问化解矛盾 - 200

掌握点技巧，问出心爱之人的真实想法 - 202

女人关心男人，但也不要事事追问 - 206

妻子与丈夫聊天，别用审问的口气质疑他 - 210

家庭教育中，父母要用提问引导亲子间的交流 - 214

关心孩子，但不要喋喋不休地询问 - 218

参考文献 - 222

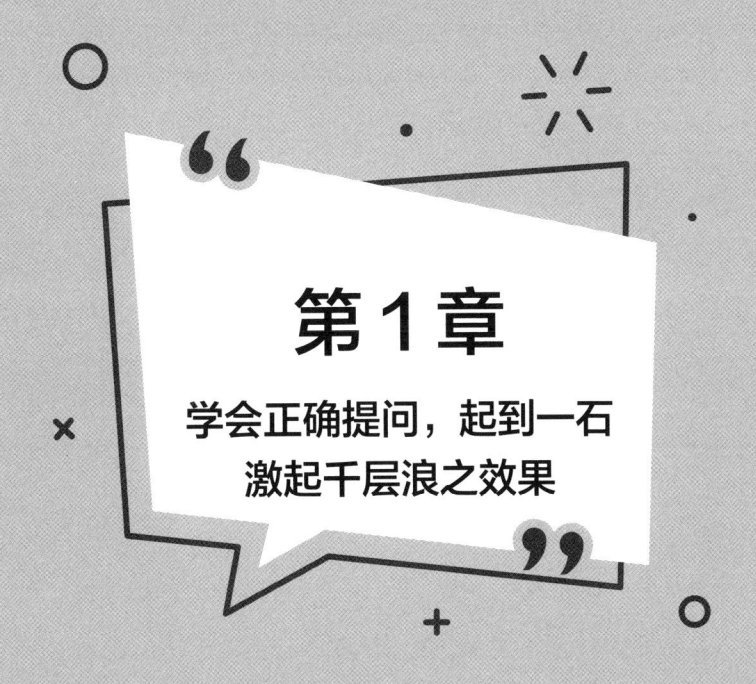

第 1 章
学会正确提问,起到一石激起千层浪之效果

日常生活中,出于各种各样的目的,我们都要与人沟通,而沟通是否有效,在于提问是否到位。只有掌握提问的艺术,才能获得你想要的答案。提问,是人际交往的技能,是解决问题的有力工具。我们任何人,在语言艺术的修炼中,都要将提问纳入其中,提问远比直截了当、平铺直叙的方式更有效。

提问的技巧

提问，能从他人口中获取你想要的信息

在生活中，我们与人交际，有时候是为了达成一定的目的，这也就是人们说的交际目的。比如，获取某种信息。我们要想获得答案，就免不了要提问，但提问也是有技巧可言的。因为在问答过程中，提问的人，提问的内容、提问的方式，甚至提问行为的本身都会对被问人的心理产生一定的影响。在提问的时候，被问人总是处于一定的心境之中，比如我们去探望病人，人家正在为病情焦灼不安，我们就不应问："病情会不会恶化呀？"

另外，被问人总会对提问人的问题本身采取一定的态度，从而产生种种心理活动，如抗拒心理、回避心理、揣测心理等。

可见，提问人必须根据被问人的心理特点进行提问，这样才能达到提问的目的。

要想恰当、得体、有效地提问，我们就需要掌握一定的提问技巧。

那么，我们该怎么提问呢？

1.注意提问的态度

人际交往中，说话的态度极为重要。试想，一个言语粗

鄙、说话尖酸刻薄的人,谁会愿意回答他提出的问题呢?我们要想保证对方如实回答我们的问题,首先就得注意自己的提问态度。

莉莉来到县城的第一天就在一家饭店找到了工作,却只上了一天班就被老板辞退了。其实她的条件并不是很差,也没有做错什么事,只是不小心问了一句不该问的话。

那天,莉莉刚一上班,店里就进来了三位客人,她随即拿了菜单,去让客人点餐。第一位客人点的是糖醋里脊,第二位客人点的是宫保鸡丁,第三位客人点的是京酱肉丝,但是,他特别强调要用干净一点的杯子倒啤酒。

很快,莉莉将这三位客人所点的菜,用盘子端了出来,一边朝他们坐着的方向走来,一边还大声地向这三位客人问道:"你们谁要用干净一点的杯子盛酒……"

就凭莉莉的这一句问话,老板就毫不客气地向她下了辞退令,因为她的提问会让客人觉得饭店的服务态度差,老板脸上自然也无光。

提问者是否谦恭,其问话是否合乎听者的心意,都会直接影响到问话的效果。任何人都希望得到别人的尊重和体谅。问话者如果不尊重和体谅对方,那么他自己也只能自讨没趣。

2.掌握几种提问方法

提问是有技巧的。这里的技巧就是指方法问题。

（1）了解被提问的对象，提问时才能做到有的放矢。

我们在提问前，要先了解被提问者的身份、年龄、性格、修养等。单就性格特点而言，有的人性格直爽，有的人沉闷不语；有的人性格急躁，有的人谨小慎微；有的人谦逊，有的人自高自大；有的人诚恳，有的人狡黠。性格不同，气质各异，提问的方式也应当有相应的变化：或单刀直入，或迂回进攻，或敞开发问，或试探而进。只有这样，才能达成提问的目的。

（2）迂回式提问。

公交车上，一名青年给一位大姐让座，这位大姐一声不吭就坐下了。

青年问："嗯，您说什么？"

"我没说什么呀！"

"哦，对不起。我以为你说了'谢谢'呢。"

青年的提问是为了引出自己后面对大姐的批评，显得含蓄而又有心机。

（3）诱导式提问。

我们来看看孟子的提问技巧：

有一段孟子和齐宣王的对话。

孟子说："如果一个人要出远门，临行前将妻儿托付给好友照顾，但是等他回来时，却发现妻儿忍饥挨饿。面对这样的朋友，该怎么办？"

王答:"和他绝交。"

孟子说:"假若管刑罚的官吏不能管理他的部下,怎么办?"

王答:"撤掉他!"

孟子又问:"假若一个国家没有治理好,又该怎么办呢?"

王这时只好看看左右,而讲其他的了。

孟子先设两问,诱导齐宣王做出肯定的回答,然后提出应该怎样处置不会管理国家的国君,使齐宣王无以对答,最后只能同意孟子的看法。

(4)给对方施以压力。

两人问答,气氛是冷淡或是融洽,对社交的效果都有很明显的影响。社交气氛可由提问的问题和方式来控制。选择问句的句式和严肃的语气,可以使气氛紧张,能对被提问的人的心理产生压力。

如审讯犯人:

"你昨晚去没去过会计室?"

"去过。"

"一个人还是几个人?"

"一个人。"

"去干什么?"

"偷钱。"

"偷没偷?"

"偷了。"

从此例可看出收到了较好的效果。

3.修饰自己的提问语言

表达同类或类似的意思、达到同样或类似目的的问话，以不同的形式说出来，其效果也不一样。

比方说，问"你很讨厌他吗"或"你很喜欢他吗"就不如问"你对他的印象怎么样"好。对一个看起来已经有40岁的女性，与其问"你今年贵庚"，倒不如问"你今年可能有30多岁了吧"；问"替我把信寄了吧"，就不如问"能否帮我寄了那封信"听起来更舒服。

前后两句提问的表达效果是不一样的，为什么会出现这种效果上的差异呢？原因很简单。第一句问话太直接，显得既干涩又生硬，而第二句话以对方为中心，让人听起来就舒服多了。为此，我们需要多修饰自己的语言，提高自己的提问水平，从而让对方接受我们的提问并乐意回答。

总之，提问在交际活动中处于主动地位，它决定了对方说不说，说什么，怎么说；也决定了双方的交谈程序和交际气氛。而作为提问者，我们也只有从对方的心理角度提问，才能获得我们想获取的信息。

提问式的语句，更能深入人心

我们都知道，人是世上最聪明的动物，有时候，人的聪明甚至可以用"狡猾"来形容。我们在与他人谈话、表达自己观点的时候，也可以利用自己的小聪明。为了让自己的话更深入人心，我们可以变化一下陈述问题的方式——由直接陈述变为提问式，由对方自己得出结论，那么他的印象会更加深刻。

乔治有一家自己的公司，专为其他公司提供销售人员和管理人员。在一个星期五的下午，他和他的老同学有一个约会，那天天气很热，当他到达约会地点的时候，发现自己早到了二十分钟。为了不让这二十分钟的时间白白浪费掉，他决定找个客户进行推销。

乔治看到他所在的咖啡厅对面有一家规模比较大的汽车销售公司，于是，他准备去试试。

经过询问，乔治发现老板并不在公司，而是在对面的接待处。于是，乔治来到这里，他看到汽车销售公司的老板正在和自己的部下商量事情，乔治敲门进去，问道："我想您现在应该是在谈如何增加销售额，如何让公司业绩提升吧？"

"年轻人，您找我有事吗？今天可是周五啊，又是午饭时间，你为什么会选择这样一个不恰当的时间来拜访我呢？"

乔治满怀信心地盯着对方说："您真的想知道吗？"

"当然,我想知道。"

"好吧,我陈述一下我的目的,我到这儿原本是约了朋友,但我早到了二十分钟,浪费时间不是我的原则,所以,我想来做个访问。"稍作停顿,乔治又压低声音问:"贵公司大概没有把这种做法教给销售员吧?"

这位汽车销售公司的老板一听乔治的话,立马改变了自己的态度,稍作停顿后,他微笑着对乔治说:"多亏了你,年轻人,请坐吧。"

这里,我们发现,乔治能让客户在百忙中接受他的访问,就是因为他运用了这种"很简单,但却很狡猾"的提问方法来赢得客户的好感。同样,与人交谈的过程中,我们采用这种方法,也比直截了当地告诉对方我们的观点来得更有效。

那么,具体来说,我们该如何提问呢?

1.反问对方

我们可以直截了当地提出自己的观点、倾向、意见,因此得到我们想要的答案,证明、推理、求证自己的看法。

在与他人进行沟通时,有时候我们沟通许久也没有获得足够的信息,此时,我们可以采取这种提问的方式,以较快地获得答案。

例如销售员可以问"您喜欢这件卡其色的风衣,为什么不来试穿一下呢""您家的客厅既然这么大,为什么不选这款更大气的灯具呢"等等，使用这样的提问方式，我们可以在短时间内明确谈话的重点，从而引导对方进行有效沟通。

2.吊吊对方的胃口

顾名思义，这种提问的方式就是设置悬念，让对方产生一种想继续探寻的欲望，从而一步步让客户进入你设置的"圈套"之中。

一个中国留学生在澳大利亚经历了这样的事情。

"您是中国人？"金发小姐问他。

"嗯，"他下意识地回答了一声。

"我能问您几个问题吗？"

"我不懂英语。"他打着手势装着不懂。

"只四个问题。"金发小姐一笑，继续问："您是学生还是工作了？您最想做的事是什么？将来想从事什么工作？对未来有何打算？"

顿时，他的顾虑打消了，心想在这陌生世界中，竟还有人关心起他这个不起眼的人的生活和工作，甚至未来，于是他答道："我现在是边学习边打工，每天都感到生活压力很大、又很累。我最想做的事就是交到更多的朋友，将来能从事自己喜欢的工作，对未来我希望能够获得成功。"

"您希望成功，目前却遇到压力、朋友和工作这些问题，那么通过怎样一个中间媒介去实现呢？我将告诉您。"然后指着问号说道:"但愿我能帮你解决这个问号。"

他十分惊讶,于是带着好奇,跟着金发小姐来到了她的办公室。她告诉留学生,她的工作是帮助那些有困难的人,根据他们的具体情况,指导他们购买他们所需要的书,特别是在这儿购书可比外面书店便宜10%。在金发小姐的热情介绍下,这位留学生不得不买了她推荐的一本书。

在这个案例中,金发小姐之所以能够成功推销出自己的书,就是利用制造悬念的方式,她先用一连串的问题,而这些问题,是丝毫没有涉及推销的,因此,在留学生消除了心理障碍后,她继续用"但愿我能帮你解决这个问号"的方式来吊留学生的胃口,让留学生产生一种继续想知道的愿望,随后,金发小姐成功推销出书也就成了一个事实。

3.层递型提问

层递型提问是指我们通过层层加深的语言内容和语气,加深对所叙事物的认识,有言简意赅、引人入胜的效果。

例如,在销售员向客户推销电脑系统的过程中,可以向客户反问:电脑系统崩溃一定是您在工作时最不愿看到的,如果您的电脑系统出现瘫痪您会是什么心情?坏心情会给您的工作带来怎样的影响?销售员这样逐级增加问话的深度,往往能吸引客户注意力,从而让沟通气氛愈加活跃起来。

说服对方，从提问开始

与人沟通，很多时候，我们的目的是说服他人，而直截了当地告诉对方我们的观点和想法，对方未必能心悦诚服地接受，而从提问开始，引导对方的思路，让他自己得出结论，比我们苦口婆心地劝说要容易得多。那些口才出色的人在提问他人时更懂得一点，我们从提出第一个问题开始就要得到对方的认可、让对方说"是"，这是为接下来的说服工作做好铺垫，如果一开始就让对方否定我们，那么，再让对方转变观点接受我们，难度就大得多了。

我们先来看下面的销售故事：

小叶是一家电子产品的销售员，为了能做好公司电话软件销售的工作，小叶前去拜访一家科贸公司的总经理。这家公司"财大气粗"，人脉广泛。但在沟通的过程中，科贸公司的经理提出了不同看法。

客户："到现在为止，所有厂商的报价都太高了。"

小叶："所有的报价都太高了？真的是这样吗？"

客户："是的。"

小叶："不过，我想您应该不会反对我与您进一步展开合作吧？"

客户："反对倒还不至于。"

小叶："那么如果我们有机会再次合作，难道您不觉得我们可以帮助您建立更广泛的客户群吗？"

客户："嗯，很有可能。"

小叶："您想我们平时买质量优质的手机和传真机，都是为了拥有更好的通话质量，对吗？如果我们的产品通过与您的合作被更多人所使用，那么那些受益者第一个想到的就是贵公司的名字对吗？"

客户："嗯，那倒是这么回事。"

小叶："所以您不反对我们通过和您的合作可以帮助更多人建立起一套更实用的电话系统，是吗？"

客户："是。"

很明显，小叶与客户实现成交的方式就是通过一步步地反问，然后将主题引到销售上来，让客户一直未对产品说一个"不"字，小叶这样做的好处是有利于掌握谈话的主动权，控制整个销售进程，进而可以将整个销售工作带到自己所希望的情况上来。对于销售中的说服工作而言，如果销售员在销售开始时就把产品的卖点亮出来，让客户主动说"是"，认可产品，那么，对于产品存在的某些无关紧要的小缺点，也就不会太在意了。

同样，这一策略可以运用到其他任何情况的说服中，那么，我们该怎样做才能让对方在一开始就说"是"呢？

1.提出一个对方必定会认可的问题

比如,你可以对客户说:"××先生,您应该知道我们的产品向来都比A公司的产品价位低一些吧?"当然,我们在提问前,一定要对所叙述的问题有十足的把握,不能让对方抓住把柄。

2.循循善诱,强化对方对你的认可

也就是说,在接下来的提问中,我们所提问的也必须是答案为"是"的问题,当然,这些问题还必须是与我们要说服的主题息息相关的,不然会让对方摸不着头脑。

3.主动说出对方的疑虑,让对方认可我们

小郭是一名供暖设备的销售员。

一次,他将一批供暖设备推销给某假日酒店,客户对他的产品很感兴趣,但并没有如预料中那样顺利地成交。

小郭知道问题出在了价格上,于是,他主动提出:"王总,我明白,可能您觉得我们的产品贵了些,这一点,我也承认,但在刚才我给您演示产品的过程中,您也看到了,我们的设备完全是一套节能环保设备,甚至可以变废为宝,这是其他任何供暖设备所不能做到的,这样也会为贵酒店带来很多可观的收益……"小郭说完后,对方连连点头,最后顺利签了约。

这则销售案例中,销售员小郭之所以能成功说服客户购买,就在于他能在客户提出价格异议前,主动告诉客户产品"贵"的原因。这样,客户打消了"购买产品会吃亏"的疑虑，自然会选择购买。

4.巧妙过渡到我们要说服的话题上

当我们已经得到了对方的认同，已经毫无否定质疑，再提及我们要说的关键问题，对方自然心甘情愿地接受。

总之，我们在说服他人的过程中，最具说服力的劝服技巧无非是让对方自己承认，让其拒绝之前先说"是"，这样才能有效地将对方的拒绝遏制住。

旁敲侧击地提问，善于寻找答案

在古代的战争理论中，有这样一条计策——"明修栈道，暗度陈仓"，其实这一计策也蕴含了深刻的处世之道：它教人们有时要善于制造假象，当局势不利于自己或者从正面无法达到自己的目的时，就要做好表面功夫，借此迷惑对方；而在暗地里要精心策划、周密布置，在对方毫不察觉的情况下，从侧面或背面采取攻势，从而一举达到自己的目的。

同样，在人际交往中，我们也可以运用这一提问方法来探求他人真心。的确，出于多种可能的原因，他人未必会对我们袒露心胸，此时，我们不妨"明修栈道，暗度陈仓"——正面询问无效果，我们不妨就从侧面试探性地提问。比如，举个很简单的例子,生活中,一对谈恋爱的男女,男孩子要想知道女孩是否真心喜欢他,可以故意试探女孩:"我给你介绍个更优秀的男孩认识,好不好?"如果女孩喜欢他,会很坚决地告诉他:"不用了。"这样的场景恐怕生活中很多恋爱男女都运用过。我们再来看下面一个故事:

丁梅与孙霞初中毕业后就一起来到城里的一家餐馆打工,她们关系很好,可谓是无话不谈的朋友。但两人的做人行事作风却有点差异。

一次,丁梅在收拾餐桌的时候,发现了一个手机,肯定是客人落下的,丁梅早就渴望有一部手机,于是,她想悄悄据为己有。可不巧,这被孙霞看见了,让她上交,可丁梅说:"什么呀,我没拿什么手机啊。"

孙霞说:"丁梅,你知道什么叫'不劳而获'吗?"

"不知道!"丁梅嘟着嘴回答。

孙霞说:"你看,'不劳而获'是不经过劳动而占有劳动果实。说得确切点是占有别人的劳动果实!"

"我可不懂那么多。"丁梅有点不耐烦了。

孙霞耐心地问:"你说,抢别人的东西是不是'不劳而获'?"

"是的。"

"你说,偷别人的东西是不是'不劳而获'?"

"当然是的。"

"那么，拾到别人的东西据为己有是不是'不劳而获'呢？"

"这，这……当然……"丁梅这时不知道说什么好了，吞吞吐吐地回答着。

看到丁梅已经同意了自己的观点，孙霞顺势说："其实，拾到别人的东西据为己有和偷、抢得来的东西，在'不劳而获'这一点上是相通的，除了国家法律，我们还应有一定的社会公德，再说我们来的时候，老板都为我们念了店里的工作守则，其中就有一项：拾到顾客遗失的物品要交还，我们还想在这家店长期干下去呢，可不能因为这点蝇头小利就丢了工作啊！咱自己想要手机，就要靠自己的能力挣钱买，那样用得才理直气壮哩！"

最后，丁梅主动把手机上交了。

案例中的孙霞就是个会说话的人，在她发现好朋友丁梅准备将捡来的手机据为己有的时候，并没有直接追问，让对方承认这是一种错误的行为，而是采用"敲边鼓"的方法，先提出一个看似与"偷手机事件"无关的"不劳而获"的定义，让丁梅明白什么是不劳而获，从而逐渐由大及小，步步推进，然后才切入实质性问题：拾到东西据为己有，同偷、抢一样是"不劳而获"。最后，聪明的孙霞又把问题归结到丁梅想把手机据为己有的想法是不正确的，并劝说丁梅可以自己努力工作去买一部手机。孙霞的说服可谓是有理有据，丁梅自然也能接受。

而在现实生活中，很多人遇到这种情况，会站出来质问对方："你怎么偷人家东西呢？"这样说，虽然出于好意，但无异于打人脸，对方必定不会接受，甚至还会找借口否认。其实，无论是出于什么目的，在探测对方真心的时候，一定要绕开关键点，因为那个点恰恰是你们冲突的焦点。如果你直奔主题，告诉对方要诚实，这样很容易引起对方的逆反心理，不仅让对方难以接受，还会和你对抗到底，那么，你的规劝工作将会加大难度，甚至根本无法成功，而如果你从侧面提问，一步步地回到你想要了解的关键点上，若是理由充分，别人一般都能接受。

总之，无论你是求人办事还是想结识他人，从正面提问无法实现自己的目的时，就不妨用一用"明修栈道，暗度陈仓"的侧面提问法，通过另一条途径引起对方注意。当对方的注意力完全被你吸引过来时，你就可以在对方不知不觉之间实现你的最初目标了。

提问的技巧

苏格拉底的有效问答法

众所周知,苏格拉底是古希腊著名的思想家、哲学家,教育家,他常常说:"最有效的教育方法不是告诉人们答案,而是向他们提问。"这就是苏格拉底的教育方法。他常常在公共场合和人辩论,但他从不强行要求别人接受自己的观点,而是通过问答的形式使对方纠正、放弃自己原来的错误观念并帮助他产生新思想。他从个别抽象出普遍的东西,采取讥讽、助产术、归纳、定义四个步骤。

所谓"讥讽",就是通过不断地提问,让对方自相矛盾,进而承认自己观点的错误;所谓"助产术",即帮助对方抛弃错误的观点、意见,找到正确、有普遍意义的真理;所谓"归纳",即从个别事物中找出共性,通过对个别的分析比较来寻找一般规律;所谓"定义",即把单一的概念归到一般中去。

苏格拉底教学生也从不给他们现成的答案,而是用反问和反驳的方法使学生在不知不觉中接受他的思想影响。这种教学方法有其可取之处,它可以启迪智慧,使人们主动去思考和分析问题。他用辩证的方法证明真理是具体的,具有相对性,在一定条件下可以向自己的反面转化。这一认识论在欧洲思想史上具有巨大的意义。

苏格拉底式提问技巧是一个探究深层含义的有效方式。通过运用苏格拉底式提问，我们在与人沟通时可以促进对方独立思考，从而使其成为学习的主体。

这一天，苏格拉底来到市场上。拉住一个过路人说道："抱歉，打扰了，我有个问题一直弄不明白，想向您请教，请问什么是道德？"

路人回答说："忠诚老实、不撒谎欺骗，就是道德的。"

苏格拉底问："但如果是与敌军作战，我军欺骗敌人呢？"

"欺骗敌人是符合道德的，但欺骗自己人就不道德了。"路人继续回答。

苏格拉底又问："当我军被敌军围剿、四面楚歌时，将军们想鼓舞士气突围而欺骗士兵说援军即将到来，大家奋力突围，结果真的成功了。这种情况也是不道德吗？"

路人说："那是战争中迫于无奈善意的欺骗，是道德的，但生活中这样做就是不道德的。"

苏格拉底又追问："假如生活中，您的孩子生病了，但就是不肯吃药，作为父亲，你欺骗他说，这不是药，而是一种很好吃的东西，这也不道德吗？"那人只好承认，这种欺骗也是符合道德的。

苏格拉底又问道："不欺骗是道德的，骗人也可以说是道德的。那就是说，道德不能用骗不骗人来说明。究竟用什么来说明它呢？还是请你告诉我吧！"

那人想了想，说："不知道道德就不能做到道德，知道了道德才能做到道德。"

苏格拉底满意地笑了，拉着那个人的手说："您真是一个伟大的哲学家，您告诉了我关于道德的知识，这让我长期以来的困惑得到了解答，我衷心地感谢您！"

苏格拉底的这种方法，在西方哲学史上是最早的辩证法的形式。"苏格拉底方法"自始至终是以师生问答的形式进行的，所以又叫"问答法"。

在苏格拉底认识的人中，有个叫尤苏戴莫斯的青年，他是个自大狂妄的人，苏格拉底决定要对他进行教育，于是，他找来尤苏戴莫斯，和他进行了一场谈话，谈话是这样开始的：

尤苏戴莫斯表达了自己将来要竞选城邦领袖的宏伟志愿，苏格拉底听完后，就对他说："一个希望当领袖的人必须有治国齐家的本领，但是，如果这个人是非正义的呢，他还能掌握这种本领吗？"

"当然不能。一个非正义的人不能当领袖，甚至，他连做一个良好的公民都不合格。"尤苏戴莫斯非常坚定地回答。

"那么，你知道什么是正义的行为，什么又是非正义的行为吗？"苏格拉底继续问道，接下来，他拿出了纸，然后把"正义"和"非正义"分别写在纸上，他让尤苏戴莫斯分别对这两种行为进行列出。

于是，尤苏戴莫斯按照自己的想法，写下了一些非正义的行为的表现，比如，欺骗、虚伪、奴役、偷窃、抢劫都放在了"非正义"的一边。

对此，苏格拉底继续因势利导地提问："战争中，去偷窃对方的战略部署图，这是非正义的行为吗？孩子生病了不肯吃药，父母骗孩子说药是甜的，这算是欺骗吗？医生不告诉即将离世的病人的真实病情，这也是非正义的吗？……"这一连串的问题，问得尤苏戴莫斯哑口无言。

接下来，苏格拉底继续发问："是不是有一种学习和认识正义、美德的方法呢？对于正义、美德、和善，有知的人和无知的人比，哪一种人能做得更好一些呢？"显然，对于这些问题只能作肯定的回答。这样，苏格拉底就得出了"美德即知识"的结论，并使尤苏戴莫斯接受了自己的观点。

运用苏格拉底式提问时，注意提问要具有探究性，让对方尽可能多地参与对问题的探索。发问后关注对方的反应，要给对方留出至少30秒的时间思考。让对方通过探究所提的问题，自己发现答案。

这里，我们可以总结下，将苏格拉底问答法分为三步：

第一步叫苏格拉底讽刺，在他看来，这是让人变得更智慧的一个必备的步骤，因为除非一个人很谦逊"自知其无知"，否则他不可能在思想上获得不断进步。

第二步叫定义，在问答中经过反复诘难和归纳，从而得出明确的定义和概念。

第三步叫助产术，引导学生自己进行思索，自己得出结论。

苏格拉底在教学生获得某种概念时，同样也会使用这种方法，他不是把这种概念直接告诉学生，而是先向学生提出问题，让学生回答，如果学生回答错了，他也不直接纠正，而是提出另外的问题引导学生进行思考，从而一步一步得出正确的结论。

实际上，无论是家长还是教师，都应该从苏格拉底的教育方法中获得启示。要想让孩子获得知识，就不能一味地灌输，而应该着重培养孩子的学习兴趣，只有这样，才能不仅让孩子主动学习，还能提高他们思考问题和解决问题的能力。

学习中大胆提问，才能加深对知识的理解

英国学者贝尔纳曾说："构成我们学习最大障碍的是已知的东西，而不是未知的东西。"中国也有句古话："学贵多疑，小疑则小进，大疑则大进。"这句话表明了做学问一定要有质疑的精神，要抛却固有观念。

所谓质疑思维，就是对已有观点不盲目迷信而提出疑问

的思维方式，它通过比较、挑剔、批判等手段，对想什么、怎么想和做什么、怎么做，作出合理的决断。不疑不决，不破不立，质疑是思维创新的前提。

很多学生认为，学好知识就是要听话，记住老师传授的知识即可。而实际上，高效率的学习必须是自主的、探究性的。为此，你必须从小就开始培养自己敢于质疑的精神，在学习中勇于提出问题，敢于表现自己，敢于别出心裁，敢于挑战权威、挑战传统，从而养成想质疑、敢质疑、会质疑、乐质疑的良好习惯。

在学生们向往的哈佛课堂上，所有的学生们都踊跃向教授提问，哈佛教授们也就习惯了学生尖锐的质疑和直率的批判，许多教授公认没有受到学生质疑的课是最沉闷无聊的课，也是最失败的课。他们懂得，怀疑精神的培养，不仅是学生个人思想和学识增进的必需，也是国家和民族能够不断反思过去、质疑现在、求新求变、充满活力的必需。

在哈佛的课堂上，学生讨论时质疑教师的言论、挑战现存理论和方法的表现，是教师评分的重要依据。如果一个学生没有提出过疑问或不同见解，哈佛教授们对他一般只会有两种判断：要么对这门学科不感兴趣，要么没有学习能力。无论哪一种情况，他都不可能获得很好的分数。

的确，勇敢地提问、敢于质疑，你对知识的理解才更深刻、更全面，同时，只有大胆地对问题提出不同的见解，激发自己的求知欲，你才能一步步成为与众不同的成功者。

有一天，11岁的小萱在预习语文课文的时候，发现课文中有一个错字，但她也不敢肯定，于是，就查了好几遍字典，结果证明自己都是正确的，于是，她就拿着书本去找在看电视的妈妈：

"妈妈，你看，语文书上居然有错别字呢！"

"怎么可能，你们的教科书还有错误？"

"真的，妈妈，您看看嘛！"

"妈妈要看电视呢，你明天去问老师吧，估计老师也会说你错了。"妈妈不耐烦地对小萱说。

小萱一听，有点生气："妈妈，你知道尽信书不如无书的道理吧，但你现在怎么这样呢？"

看着女儿情绪有点不对了，妈妈拿过书一看，果然，这个字是错的。

"对不起啊，女儿，妈妈错了，妈妈不该只顾着看电视，而打击你质疑问题的积极性，以后遇到类似的问题，你都可以来问妈妈，妈妈不知道的，也会找人帮你解决。"

"这才是我的好妈妈，谢谢妈妈！"

故事中的小萱就是一个敢于质疑的孩子。的确，事实上，任何一个孩子进入学龄前后，就开始有了一定的自主意识，这一点，在学习上表现得尤为明显，他们对于老师的话、书本上的知识在接受的同时，也不再像小学的时候全盘接受，他们对自己不明白的问题，有时候会产生疑问，并试图自己找出正确的答案。因此，在学习时，如果你有疑问，就要大胆地提出来，这是你勤于思考的表现，这表明你有了初步的创新意识，产生了创新的冲动。

具体来说，你可以做到：

1.在日常生活和学习中多动脑

思考是提出疑问、发现新问题的前提，许多非常成功的人，都是善于思考的。牛顿通过对苹果落地现象的质疑产生了关于重力的思想。爱因斯坦通过对太阳的质疑产生了相对论的思想。爱迪生因为最爱向老师"问为什么"而成为伟大的发明家。一个只知记忆，不善思考，不敢质疑的学生并不是好学生，他们不会有创新能力，只能是一个平平庸庸的人。为此，如果你想让自己有所突破的话，就要多思考，比如，在做数学题的时候，你可以多找出其他解决难题的方法。

2.大胆地说出自己的想法

一个人只有具有想象力才敢于质疑，没有想象力的人就像一潭死水，没有生机和活力。为此，你要敢于说出自己的想法，遇到问题要敢于打破常规，发挥自己的想象力，凡事没有标准答案，要敢于提出不同的答案和见解，久而久之，你就能培养出善于想象的习惯了。

总之，在学习上，任何学生都要抱着敢于质疑的态度学习，这样你才能增强自己的求知欲，才能产生积极的学习兴趣，从而高效地学习。

第 2 章

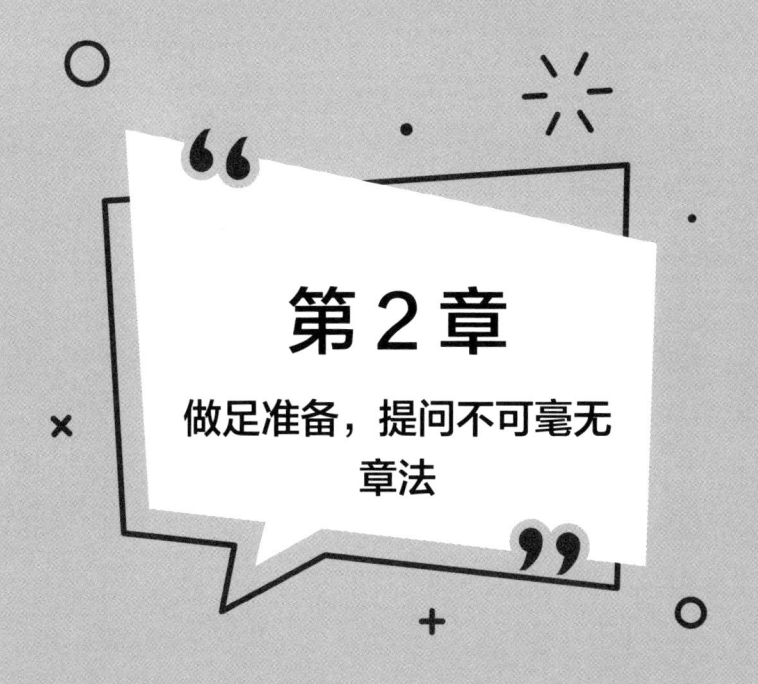

做足准备，提问不可毫无章法

俗话说："磨刀不误砍柴工"，做任何事、说任何话，都不能打无准备之仗，在运用提问这一语言艺术时也是如此，在开口提问前，你必须要做到知己知彼，只有多细心观察、认真倾听，并知道自己要问什么、怎么问，才能在提问时有的放矢、获悉自己想要的信息。

提问的技巧

做足准备，你可以问得更好

我们都知道，任何人说话都不是乱说一气，而是或多或少有自己的目的或主题，但要想把话说好，就必须要做点准备，比如开场说什么、中间说什么，怎么接话，如何结尾等。同样，提问也是如此，我们要想从提问中获得想要的答案，准备工作更是必不可少，只有明白问什么，什么时候问，怎么问，我们才能做到有备无患、心中有数。另外，我们还要考虑到提问中可能出现的意外情况，当我们在头脑中梳理一遍讲话过程，就能帮助我们尽量减少这些问题的存在。

暑假期间，火车上十分拥挤。

一位年轻姑娘中途上车，见两张对面座席上坐着三个年轻人，而边座正好空着，就走了过去问："同志，这儿没人吧？"

对方回答："没有。"年轻姑娘于是放下东西，准备就座。不料，一个男青年竟突然把腿放到了座席上。

姑娘一愣，问："你这是为什么？"

"因为你不会说话。"那个男青年故意刁难。"那么，请问该怎么说？"姑娘好意请教，对方眯起眼睛装腔作势地说：

"看来你是井里的青蛙，没见过多大的天地。让大哥告诉你。你得这样说：'大哥。这有人吗？小妹我坐这可以吗？'哈哈哈……"说完，便肆无忌惮地狂笑起来。

姑娘脸上一阵发烧，心里很生气，但转念一想："不对，有道是兵来将挡，水来土掩。你要滑嘴，我难道没口才不成？"于是姑娘说："听你这一说，我确实没有见过你们这种独特的'礼貌'方式。不过，你们既然见过世面，又有自己独特的'礼貌'方式，见了我，就应按你们的'礼貌'方式办事才对。""你说怎么办？"男青年不解地问，"那还不容易？看见我来了，就该起身肃立，躬身致礼，说：'大姐，这儿没人，小弟请你赏脸，坐这可以吗？'咳，可惜呀，你连自己的'礼貌'信条都做不到，还想教训别人，真是土里的蚯蚓，一点蓝天都没见过！"

看完这则故事，我们不免为这位姑娘的机智拍手称快。男青年自作聪明地擅自卖弄口舌，没想到一番唇枪舌剑之后，他话语中的把柄却被姑娘抓了个正着。最后，姑娘短短几句话，就反击了男青年的"谬论"，语气中透露了讥讽之意。出现这样的结果，就在于男青年没有使用缜密的语言，想到什么就说什么，最终却败在自己的言语陷阱里。

然而，在现实生活中，不少人却不像故事中的女孩一样懂得语言的艺术，尤其是提问时，他们常不经过大脑思考就脱口而出，常常会因为言语中出现的漏洞而被对方反将一军，或者自己自作聪明地认为提问能掌握话语的主动权，但是，却在无意之间就让对方抓住了"把柄"，最终只能以惨败收场。

所以，你不仅要善于提问，更要做足准备才能在问问题时滴水不漏，这样才能问到你想要的答案。

当然，提出错误的问题可能会停止交谈。这就出现了一个问题：该问什么样的问题呢？

事实上，你不需要准备很多的问题。正如访谈专家特德·考培尔说："在大部分时间里，如果你开始幽默地向人们提出一个问题，结束时他们通常会告诉你非常有趣的东西。"

在沟通中，向他人提出什么问题，主要在于提问者的目的。毫无目的的提问，在沟通中是毫无意义的。因此，在提出问题时要注意：

第一，提出的问题要能成功引起对方的注意力，并能引导对方进入思考状态，而要想引起对方的注意，所提出的问题必须有一定的分量；要想引导对方的思考方向，所提出的问题必须要有一定的计划性。

第二，提出的问题要能获得你想要的信息与反馈，也就是问问题要有针对性，并做到具体明确，这样才可能得到对方明确的回答。并且，提问的措辞要谨慎，不要故意为难和刁难对方，更不要引起对方的焦虑、担心或者反感的情绪。

第三,要想更好地发挥提问的作用,提问之前的思考、准备是十分必要的。诸如:我要问什么?对方会有什么反应?能否达到我的目的?

此外,为了让你的问题能在对方心中留下印象,它应该满足以下几个条件:

(1)想从这个问题里得到什么样的信息?

(2)要得到所需的信息,必须提出一个以上的问题吗?

(3)我提出的问题能不能引起对方的思考?

通过有效的提问,能够引起对方的注意,从而也能让你的话在对方心中留下强烈的印象。总之,方法多种多样,要灵活运用。

(1)选择好提问的时间。如果别人正在谈话,那就不要提问,打断他人说话是很没有礼貌的,也会被对方反感。

(2)用真诚、友善且谦逊的态度提问,这样他人才愿意回答。

(3)对于自己的疑问,在提出来之前最好先自行解决,向对方说明自己尝试做的时候发生问题的地方,对方的回答才能够最大程度地帮助自己。

(4)提问之前要针对所有问的问题进行充分了解,不要问一些毫无价值的问题,如果是这样,会让对方觉得在浪费时间,也会觉得你没有水平。

（5）提问之前要理清思路，要想清楚怎样提问才能让对方明白你的问题核心。

（6）要避免提问开放性、抽象、模糊不清的问题，提问时说的话要明确地让被提问者明白其中心思想。

向优秀者提问与请教时，要放低姿态

现代社会，任何一个人都知道充实的内在对一个人发展的重要性，于是，为了丰富自己的大脑，他们进修、参加培训等，这固然是充电的良好方式，但我们还忽略了一点，为什么不向那些优秀者请教与提问呢？而这一点，对于精力有限的人们，可以节省时间，且不至于影响工作和家庭生活。当然，我们若想获得优秀者们的帮助，还得特别注意请教的方式，试想，一个在职场不苟言笑、冷漠、拒人于千里之外的人，会乐意帮助你吗？

张莹是一个沉默寡言的人，不太喜欢与人交流。她每天一走进办公室就忙着处理手头的工作，从来不会主动地跟同事们说话，即使有人主动跟她交流，她也是你问一句就答一句，从不多言。下班后，她也不参加任何活动，径直回家静静地想着怎样将工作做好。

陈妮是张莹合租的女伴，两人的性格完全不同。陈妮喜欢与人交往，也有很多的朋友。她也经常劝张莹不要老是一个人待着，让她多出去走走，多认识几个人，这样不仅会对将来的发展有好处，心情也会有所好转。但张莹每次都对她的劝解一笑置之，还是像以前那样过着自己的生活。她觉得只要自己把工作做好就能获得丰厚的回报，而交际却只能让自己在工作上分心。

后来，张莹被调到了销售部，开始和其他销售员们一起进行市场推销工作。可是，她对销售工作缺乏了解，不知道该如何推销产品，自然她的业务成绩很不理想。她想向那些有经验的业务员们请教一些经验，但她就是抹不开面子。

正当张莹一筹莫展时，陈妮却春风得意：她不仅坠入了爱河，还晋升为公司某部门的主管。

某天，张莹突然对陈妮说自己很羡慕她，觉得她特别幸运，而自己的命却很不好，周围的同事们似乎都排挤她，手头的工作也不知道该如何开展。陈妮听后淡淡一笑，对她说："你怎么不向那些销售老手求教呢？"

"我和他们没交情啊，怎么好意思呢？"

"任何交情都是一步步建立的，我们俩当初还不是不认识，后来不也是好朋友吗？再说，你要是虚心请教，我相信他们不可能不帮你的。"

张莹想了想，决定按照她的建议试试看。

从那天开始，张莹便随时随地提醒自己要有所改变。她尝试着主动与同事打招呼；尝试着仔细倾听并加入同事们的聊天；下班后也不再急匆匆地往家赶而是积极参与同事或朋友们的聚会……刚开始，这些改变让她觉得很不适应，但是她还是坚持着做了下来，慢慢地也就习惯了。

而她的工作状况也较之以前有了很大的变化，有时，即使她没有主动提出让同事帮忙，同事们也会主动帮她做些事，那些老前辈们更是主动指点她在工作中的不足，渐渐地，张莹在销售部做出了自己的成绩。张莹也确实感到了自己的变化：以前那副深锁眉头的面无表情的脸孔被淡淡的笑脸所取代；那有意无意之间发出的叹息声变成了快乐的笑声。

这里，我们看到了销售新手张莹的职场成长经历，更看到了她的同事对她的帮助。在现实生活中有很多像张莹这样的人，遇到问题不愿意向周围的人寻求帮助，更愿意独来独往，其实，及时请教，不仅能改善你的人际关系，还能让你在工作上更有热情，有这样一股动力，成功指日可待。

那么，在请教与提问的过程中，我们该注意哪些问题呢？

1.知礼节

知礼节，是现当代礼仪的重要部分。而且，如果经常向异性请教，更要求彬彬有礼，讲究分寸。如果不分场合，不看对象，对任何人都表现出亲热，心直口快，喜欢攀谈，那么就可能会引起对方或他人的误会，使之产生错误的联想，双方都会感到尴尬，从而影响到正常的交往。

同时，在生活中，如果向异性请教问题，注意不要请教个人隐私问题。即使彼此十分了解，是知心朋友，也必须控制自己，不要轻率冒昧。

2.适当示弱

比如，在工作中，聪明的人就不会整日缠着前辈、说好话，而是会主动制造机会，让对方帮助自己，以显示对方的能力与水平。这样，一旦满足了对方好为人师的心理，那么对方自然愿意帮助你。同时，在与老前辈打交道的时候，一定要谨言慎行，万不可自命不凡。如果获得老前辈的支持，你在求得成功的路上便会如虎添翼！

3.未雨绸缪，搞好人际关系

如果你渴望成功，渴望拥有优质的生活，那么，千万别忘了积攒人脉。拥有良好的人脉关系是你通向成功的一条捷径。你或许从没有去过好莱坞，但你绝不会不知道好莱坞最流行的一句话——"成功，不在于你知道什么或做什么，而在于你认识谁。"美国石油大王约翰·洛克菲勒也说过："与人相处的本领是最强大的本领。"因此，如果你希望在关键时刻得到他人的帮助，那么就不要忘记在平时就做到人际关系的积累！

察言观色，针对对方想听的内容开始问起

在现实生活中，可能一些人认为，提问并不是一件容易的事，尤其是在与人沟通的过程中，他们之所以常常陷入和交谈对象"话不投机半句多"的境地，就是因为不知道应该问什么，也有一些人，他们懂得察言观色、投其所好地问，总是能让听者喜笑颜开，不得不说，说话之难，难就难在对象可以犹如变色龙般捉摸不透，你若一言面对所有人，那就算你"不会说话"了。

事实上，在拉近人际关系的沟通中，有针对性地提问、说话投其所好是一种高超的技巧。要想和他人顺利交往，首先你就要学会针对对方感兴趣的话题，用动听的语言打开对方的心房。

一般而言，当人们的意见、观点一致时，彼此之间就会相互肯定、信任，反之，就会彼此否定，从而产生防备心理。所以，那些人际关系高手在与他人沟通之前总是先细细揣摩对方的喜好，然后尽量迎合他，满足他的欲望。事实也证明了这一点，谈话中，没有人会对自己不感兴趣的话题投入过多的热情，但当遇到自己感兴趣的话题时，他们常常会情绪激昂地参与进来。因此，在与人沟通中，你也可以抓住对方的这种心理，深刻了解对方，并与对方和谐相处，从而实现进一步的

交流。

因此，生活中的人们，要想在沟通中得到对方的认同，并取得良好的沟通效果，就要先彻底地了解对方的所"好"，知己知彼，真正做到在提问时迎合对方，投其所好。

作为一名销售人员，小林最近要写一份市场报告。但这篇报告的资料却很难寻找到。通过打听，她得知，有一家工业公司的董事长拥有她需要的资料。于是，小林便前去拜访。秘书告诉小林，这些机密的资料，董事长是不会交给她这个陌生的销售人员的。随后，小林听到秘书对董事长说，"今天没有什么邮票。"打听后，小林得知，原来董事长在为儿子收集邮票。

小林走进董事长办公室之后，刚开始并没有提及资料的事，而是先从儿子谈起。

"您办公桌上照片上的人是您的儿子吧？我也有个这么大的孩子，很调皮，不过他有个很安静的爱好，他喜欢收集邮票。"

听到这话，董事长两眼放光，"是吗？现在的孩子真是不好伺候，除了要给他充足的物质生活，还要时刻关注他的思想动态，稍不留神，他就会闯祸，甚至在学校不听课、打架，尤其是男孩子，越来越不好管教了。"

"是啊，我昨天还被老师叫到学校了。"仔细听完这些后，小林点头回答道。

"对了,你说你的儿子也喜欢收集邮票,他通常都是自己收集吗?"

"是的,董事长。"

"那你比我好多了,我每天都要叮嘱秘书为我留意邮票呢!那你什么时候能把你儿子的邮票带给我看看吗?"

"当然可以,我还可以送给您一些!"

"真的吗?真是谢谢!乔治他一定喜欢,准把它们当成无价之宝。"董事长连连感激道。

在接下来的时间里,小林一直和董事长在谈邮票,临走时,秘书稍微提及了一下资料的事,没想到,还没等小林开口,董事长便把她需要的资料全部告诉了她。不仅如此,董事长还找人来,把一些事实、数据、报告、信件全部提供给了小林。

我们可以看出,销售员小林是个懂得投其所好提问的人,她之所以能拿到自己需要的资料,是因为她从董事长最关心的问题开始问起——"您办公桌上照片上的人是您的儿子吧?"要知道,孩子永远是父母的软肋,谈及孩子自然能激起父母们的谈话兴趣,而小林在她激发起董事长的谈话欲之后,也及时转变谈话方式,把谈话主动权交给对方,自己充当倾听者的角色,在倾听的同时,她对对方的谈话内容表达了赞同的意见,从而引发了共鸣。

从这个故事中,我们可以看到从对方想听的话开始问问题的重要性。卡耐基也曾经说过，如果想要和他人顺利沟通，并成功地获得他人的好感和认同，最好的方法就是和对方谈论他感兴趣的话题。事实也确实是这样。

一句话说得好不好是有技巧的，这并不是要我们巧舌如簧，而是要懂得把话说到对方心坎里去，这就是投其所好，对方高兴了，自然也就愿听你的意见。而首先，我们必须要猜透对方心理。

所谓猜透对方心理，无外乎两个原则：

1.饰其所矜

那些他认为骄傲的、值得夸赞的地方，你一定要渲染一下，以提高他的听话兴趣。

2.减其所耻

他自认为不足的、过去所做过的亏心事等，你要会为其辩解，从而使其放心。

站在他人的立场上分析问题，能给他人一种为他着想的感觉，这种投其所好的技巧常常具有极强的说服力。要做到这一点，"知己知彼"十分重要。唯先知彼，方能从对方立场上考虑问题。

此外，在交流过程中，你也要学会通过对方的手势、姿势、表情以及当时的整个反应，去分析对方的感情变化，体会对方的话语意义。要知道对方说话时的感受要比他的话语本身更重要。

先倾听，才能完美提问

有人说，听是说的前提，你要想更好地表达观点，就要建立在听清别人内心真实意图的基础上。同样，提问也需要以倾听为前提，你只有听出真正有效的信息，才能有针对性地提出问题，获得你想要的答案。

后唐庄宗李存勖是个有名的昏君，他有个爱好——打猎。有一次，他带领手下人马浩浩荡荡地来到中牟县打猎。中牟县令闻讯赶忙前去迎驾。

县令跪在庄宗马前，为民请命，希望庄宗在打猎时能稍微留意，不要践踏农民的庄稼。庄宗大怒，呵斥县令道："滚开！"

伶官见势不妙，赶紧将县令捉来，押至庄宗面前，斥责他说："你身为县令，难道不知道我们的天子爱打猎吗？"

县令低着头说："知道。"

伶官道："既然知道，你为何要放纵你的百姓种田来向皇上交纳赋税？为什么不让你的百姓饿着肚子把田让出来给君王打猎？你说，该当何罪？"说完，便恳请庄宗杀掉县令。

其他伶人也一齐唱和道："请君王让我们把他杀掉！"

庄宗听后置之一笑，要大家放了县令。

这则故事中的伶官是个智者，面对昏庸无道的皇帝即将杀害忠臣良将，他并没有直接阻止，因为这样做的结果只能是让自己也招致杀身之祸，此时，他选择了反问式的幽默，从反面提问："你为何要放纵你的百姓种田来向皇上交纳赋税？为什么不让你的百姓饿着肚子把田让出来给君王打猎？"很明显，这个问题的答案是利于这位县令的，于是，庄宗自己得出了正确的结论，最后放了县令。

因此，我们在提问前，不仅应该做一个认真的听话者，同时还应该做一个谨慎的听话者，这样才能捕捉信息，在提问时一针见血。

另外，需要注意的是，现在人们在交往的时候经常会说一些富有深意的话，有时是因为场合不合适，只能说一些模棱两可的话。我们在与人沟通的时候，应该会听话听音，听出弦外之音，再加以分析，否则就会领会错说话者的意思。

然而，在现实的交流过程中，一些人不会听别人的弦外之音，经常会闹一些笑话，比如有个女人的品位不怎样，但是还老是喜欢四处招摇，有人就说她："这件衣服真是适合你穿着去社交啊！"她以为别人是在夸她，还在心中沾沾自喜，这样的人就是不会听弦外之音的人。相反，如果她能听出话中的讥讽之意，便能以反问回击。

因此，在观察他人的过程中，你不仅要学会观察他人的举止、面色，还要懂得倾听，因为很多时候，对方传达的信息并不是直接陈述的。

有一个年轻人去拜访苏格拉底，向他求教演讲的技术。苏格拉底刚开口没说几句话，这位年轻人不但不认真听，反而打断苏格拉底的话，自己滔滔不绝讲了许多话，以显示自己的才能。苏格拉底说："我可以教你演讲，但必须收双倍的学费。"年轻人问："为什么要双倍呢？"苏格拉底说："我要教你两门课，除演讲外，还要上一门课——怎样闭住嘴听别人说话。"

苏格拉底这段话透露了两层意思，在诉说之前一定要学会倾听，倾听是诉说的前提。同时，苏格拉底在表达自己观点的时候，并没有直接指出，而是采取委婉暗示的方法。这样，既指出了青年人应该改正的缺点，又不至于让青年人失了面子。在此，作为这名青年人，应当能正确会意、了解苏格拉底的"苦心"。

那么，具体来说，我们该如何从他人的话中听出我们想要的信息、进而进行有效提问呢？

1.鼓励对方多说

任何人在谈话的时候，都希望自己的意见和观点能够得到认同、理解。因此，如果你能表达出对对方理解的话，那么，他是很愿意继续说下去的。对此,你可以在倾听后适当地加入一些简短的词汇,比如,"对的""是这样""你说得对"等,也可以点头微笑表示理解。当然,你还需要做到专心倾听,并与对方偶尔进行眼神交流,切不可心不在焉。

2.听出对方的情绪和意图

在各个场合,"听话听音",一个人即使不和你说真话,他的语气同样可能暴露出他的性格、愿望、生活状况甚至他的意图。潜藏在人内心的冲动、欲望等,总是会通过某个方面体现出来,所以要了解对方意图可借语气,来读懂他的心思。因此只要你能准确地分析他的语气,就能更准确地分析他的心理,看准他人的本质。

生活中,我们能从别人的语气来分辨出一个人与你交谈的时候的情绪等,而留意了他的语调语速变化,你就留意到了他的内心变化。有些语调变化是故意的,那是他想向你传达某些信息。而某些语调变化是潜意识的,你则可以发现他的情绪变化,以便随时调整你说话的内容。

总之,在与人沟通的过程中,你必须学会看穿他人心思的本领,看人不能只看表面,也不要凭三言两语就无端地断定一个人,只有多方观察,从举手投足、眼神等各个方面综合判断才能真正判断他的心思、用意。而学会倾听,训练自己破译他人的心态,可以说是促使在沟通中有效提问的重要条件。

提问的技巧

留心观察，洞悉一切

我们知道，人是这个世界上最具智慧的一种动物，也是最难被了解的动物。要想读懂一个人的内心世界、性格、需求、欲望等，并非易事，但前提是我们要学会观察，而在提问这一语言艺术中，也只有做到留心观察，才能做到提问时有的放矢，从而达成自己的目的，因此，我们可以说，观察是有效提问的前提。

一天，保健器材销售员陈路敲开了一位准客户的门，开门的是个老太太。站在门外，销售员一眼就看到了挂在墙上的照片。进门后，销售员便以此为话题与客户谈起来。

"阿姨，这墙上的照片是您儿子吧？看上去真英俊，一定是个知识分子。"

"这的确是我儿子，他在大学当教授。他是个很爱读书的人，从小都爱学习，到现在每天的大部分时间也是读书。他平时都在学校，只是周末才回来……"

……

一谈到儿子，这位老太太似乎有聊不完的话题。就这样，这位销售员和顾客关于教育孩子的一些问题谈了很长时间。过了会，销售员说：

"阿姨，您看，和您聊这么久，我居然忘了今天来这儿的目的了，不知道您还记不记得，上周六在中山公园，您填了一张健康卡？"

"对呀。""您真是很幸运，几百人中抽中了您，您将免费获得一张价值100元的健康检测卡。您好像在卡片上填了您有高血压，我们的仪器也主要是检测心脑血管情况的。常检查，作好预防，不但可以省去很多的治疗费用，更可以给您的儿子省去很多麻烦。您要是有时间的话，这几天就去我们公司看看，检测一下您的身体状况，您看怎么样？"

"嗯，你说得对，我一定要注意健康啊，不然我儿子在外面工作也不省心啊，我这周末就去。"

这名销售员是聪明机智的，他的观察力也是惊人的。作为父母，最关心的莫过于子女，于是，他便从墙上的照片入手提问，然后夸赞客户的儿子，来拉近和对方之间的距离，从而打开对方的话匣子，再顺其自然地过渡到销售，成功销售也就水到渠成。如果从一开始销售员就直接将正题放在工作上，大谈对方购买产品的好处，那估计他销售的过程也不会如此顺利。

那么，具体来说，我们该从哪些方面洞悉他人内心世界，进而进行有效提问呢？

1.语言

语言是一个人性格、秉性的最直接外显，只要我们善于观察，就能在几分钟的时间内洞察他人的性格。那些侃侃而谈的人属于性格外向型；那些谨慎措辞的人一般做事小心；那些喜欢谈论生活点滴的人性格比较稳定；那些说话颐指气使的人可能习惯了支配下属；那些说话音调高的人，往往性格浮躁、任性；那些……

生活中，我们在提问前，可以通过分析他人的语言来剖析其心理，他说话的语气、语调足以彰显出内心的情态：寡言少语意味着不耐烦；好似退让的冷语暗示着一种责备与生气；只有听到近似可笑的话语时，那才是亲切……

可见，语言确实需要我们耐心地去思考，也就是人们常说的察言观色中的"察言"。"察言"是指通过对方的言谈了解其性格、品质、情绪及其内心世界，从而摸透对方的心思。善于"察言"的确是社交的一种要强技能。但这并不是说思考研究语言就是为了"察言"，更重要的是怎样通过语言来把控人心，从而拉近心灵，人际沟通也就是为了达到这个目的。

2.体态语

生活中，尤其是那些善于交际或者隐藏很深的人，他们在语言上总是天衣无缝。但在体态语上做到不露痕迹是完全不可能的。因为当人的大脑产生了某种想法时，其思维活动会支配身体的各个部位发出细微的信号，这一点是不能由人的意识所控制的，也就是无意识的。

假如一个人撒谎，可能经验尚浅的你在语言上根本看不出有什么不对劲，但如果懂得"读心"，从其体态语上辨别的话，就会容易多了，如脸色变化、动作不自然、肌肉紧张、眼神不自然等。因为在可以控制的有声语言与难以控制的体态语言之间，有意识控制的部分体态与难以意识到的部分体态之间，有意控制的短暂时间与难以控制的较长时间之间，必然会出现某种矛盾、差别，显得不协调、不自然。这就是体态语言的心理表现不可改变的原因。

总之，在人际沟通中，我们要想有效提问，就要学会开口前认真观察、洞悉对方的内心世界，这样才能在开口提问时做到有的放矢。

第 3 章

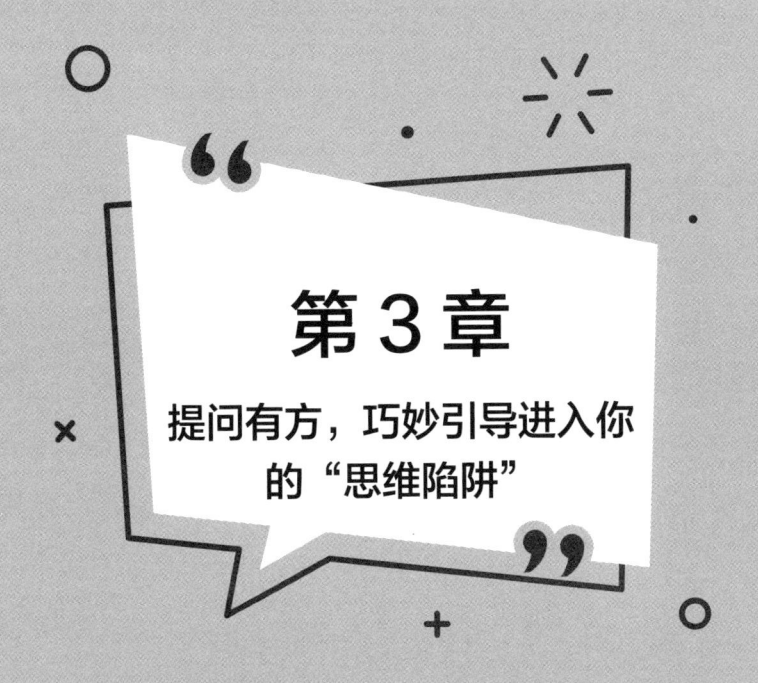

提问有方，巧妙引导进入你的"思维陷阱"

我们都知道，人是世上最聪明的动物，有时候，我们在与他人谈话、表达自己观点的时候，也可以利用自己的小聪明。为了让自己的话更深入人心，我们可以改变一下陈述问题的方式——由直接陈述变为提问式，这样，沟通的结论就并不是由我们灌输给对方的，而是对方自己得出的，这样，成功说服对方也就变得容易很多。

提问的技巧

运筹帷幄，一问一答中掌控对方思路

我们都知道，在人与人的交流中，我们只有掌握整个谈话的局势，才能引导对方跟着你的思维走，最终达到我们的说服目的。然而，我们该怎样掌握整个沟通的局势呢？其实，我们可以通过提问来引导对方的思路，在一问一答中，我们便能把观点植入对方的思维中，相反，毫无悬念地陈述，对方就会很容易分散注意力，更别说最终认可我们的观点了。

当然，要让这一方法百试百灵，我们还必须得掌握以下几点小技巧：

1.事先了解，不打无准备的战

说服工作绝对不能打无准备之战，为此，我们最好事先设计好对话脚本，要问哪些问题，对方可能会给出怎样的答案等，我们都要进行事先规划，这样，对于对话中可能出现的意外状况，我们也能给出第二套方案，否则，很容易乱了方寸，甚至让说服工作无法进行下去。

2.用提问调动对方的谈话兴趣

我们在与对方的沟通中，只有了解对方在意什么，不在意什么，才能做到有的放矢地沟通，而事实上，很多人却忽视了这一点，总是只顾自己讲，而不了解对方的真实想法，最终导致沟通方向与对方期望的方向背道而驰。那么，怎么才能解决这一问题呢？唯有提问，提问可以更好地控制谈话的进程，更大程度地调动对方的兴趣和积极性。而对于我们来说，提问也可以使我们得到更多的信息，这些信息都会促成我们成功说服对方。

3.巧妙过渡，将提问的重点转移到我们要说服的关键问题上

在提出一系列问题后，我们需要巧妙地将话题转移到要说服的核心问题上。例如：

"阿姨，我听天气预报说未来几天又有冷空气来袭，今年冬天确实比往年冷得多。您岁数大了，更要注意身体，尤其是冬天，一定不能忽视了保暖的问题，一不小心就容易感冒、头疼。您看一下这件羊毛裤，它既暖和又舒适，而且非常耐穿……"

4.有所避忌，有些问题不可问

在与对方谈话的时候，有的东西是需要特别注意的：

不要问及对方的花费，这会让人觉得你触及他的经济能力或者怀疑他送礼的心意；

不可问收入；

不可问家庭经济条件；

不可问别人如何支配金钱；

不可问女子的年纪（当然，如果对方是六岁或者六十岁的时候就另当别论了）；

不可问别人工作上的机密。

"己所不欲，勿施于人"，凡是你不想让人知道的事你也应该避免询问对方，谈话的目的在引起对方的兴趣，而不是使任何一方没趣，能令对方滔滔不绝，是你说话的本领，也是你增广见闻的方式。

当然，在与对方沟通时，提问也是有一定技巧的，如果用得不恰当，也会起到相反的作用。很明显，我们要多提令对方感兴趣的话题，对于对方不熟悉、忌讳甚至反感的话题，则不要涉及。

妙用提问法化解沟通障碍

与人沟通，很多时候，我们的目的是说服他人，而在说服他人的过程中，只有让对方产生愉快的情绪，才有可能使其接纳我们的观点。然而，很多时候，在沟通刚开始时，我们经常会因为各种原因，导致对方对我们有抵抗情绪或者对我们有误会，对于产生障碍的原因，我们并不了解，因为并不是所有人都会将自己的内心敞开，此时，我们不妨通过提问的方式，不断探出对方问题的症结，最终化解障碍，从而开展说服工作。

露西是某美容会所的VIP卡推销员。

一天，她站在公司门口闲溜达的时候，迎面走来一个中年妇女和一个年轻女孩，因长相有几分相似，露西觉得应该是母女。女儿看上去大约有20岁，青春靓丽，十分漂亮，母亲看起来也很漂亮，气质华贵大方，年龄应该有40多岁。她们的皮肤都非常不错。根据多年的销售经验，露西认为这两位客户她应该争取一下，于是她迎了上去：

销售员："你们好，小姐、太太。我是××美容会所业务员，请允许我……"

客户（小姐）："最不喜欢去你们那里做美容了，请你不要打扰我们了，你们的任何产品我们也都不需要。"

销售员："小姐的气质很好，皮肤也这么细腻白皙，看起来水灵灵的，应该日常的保养工作做得很好吧。"

客户（小姐）："还行。"

销售员："您目前办的是哪家会所的贵宾卡呢？"

客户（小姐）："当然是最好的。"

销售员："哦，是这样啊。太太您的皮肤也很棒啊，您也和女儿一直在同一个会所做美容吗？"

客户（太太）："对，一直在同一个地方。"

销售员："小姐，您接触过我们的产品吗？"

客户（小姐）:"接触？当然接触过，上次和一个姐妹来这里做美容，结果不知道用了什么，非常不舒服，脸上会发痒。"

销售员:"是吗？您用的是哪款产品呢？"

客户（小姐）:"就是去年你们会所新进的××型养颜霜，简直把我害苦了。"

销售员:"真是对不起。首先我向您表示歉意。但是我想您也许没有弄清楚，我们的那款养颜霜是针对30岁到40岁的女士研制的，像您这样年轻的女孩，使用起来难免会不合适。可能当时我们的美容师工作疏忽了，真是对不起。"

客户（小姐）:"是吗？原来那款养颜霜是30岁的女性用的？"（吃惊）

销售员:"是的，小姐。如果女性使用的美容产品不适合自己的肌肤年龄，脸部就会感觉不舒服，如果不及时停止，就可能出现脸部发痒的症状。"

客户（小姐）:"哦，是吗？原来是这样啊。"（恍然大悟）

销售员:"对，其实，我们会所的美容师还是相当专业的，只是上次那个应该是新手，真是对不起。对了，我们这里又新进了一批针对您这个年龄段的产品，而且，我们的美容师因为刚从国外培训回来，技术大有长进，您可以办我们这里的贵宾卡,这样,您母亲的所有费用都是五折优惠。"

客户(小姐):"是吗?真有这样的好事?那好吧。我们办一张。"

场景中的贵宾卡推销员露西遇到的两个客户,在刚开始明显都是带有抵触心理的,因为在露西所在的美容会所做过美容,但却吃了苦头。但露西却非常耐心地问出了客户抵触的原因,并作出了令客户满意的答复,同时,她还将公司的优惠活动介绍给客户,这样,客户的抵触心理也就彻底消除了。可见,提问有助于消除沟通障碍,让沟通重回正轨。

具体来说,我们可以这样提问:

1.以提问铺垫,消除陌生感,拉近彼此之间的关系

如果你没有向对方先谈你自己的情况就开口向他问这问那,那么一般情况下,他可能并不乐意回答你的问题。而如果我们懂得如何消除陌生感,是可以令对方合作的。

事实上,对陌生人提问,最大的困难也就在于不了解对方,因此同陌生人交谈首先要解决好的问题便是尽快熟悉对方,消除陌生。你可以先行自我介绍,再去请教他的姓名和职业,然后试探性地引出彼此都感兴趣的话题。双方熟悉并消除心理障碍之后,再去问一些问题,只要无伤大雅,对方都乐于回答。

2.应注意提问内容，不要问对方难以应对的问题

不要问超出对方知识水平的学问、技术问题等；也不应询问他人难以启齿的隐私，以及大家都忌讳的问题等。

3.注意发问的方式

别像查户口一样问询对方，这只会让对方觉得窒息。

在提问之前，你可以事先设计一个脚本，比如，你的家中来了一位亲戚，亲戚第一次到北京，你如果这样问："你是海南人吧？""你刚到北京吧？""海南这时候天气很热吧"等等，此时，对方能给出的答案大概只有"是"了。这不能怪你的客人不善言谈，而只能说明你所提出的问题只能让对方给出这样的答案，但是假如你能换一个提问的方式："第一次到北京有什么感觉？""你们海南的椰子除了当水果还有什么其他用处吗？"等等，这样的话，对方不但会为你讲述一些你所不了解的事，还能让其因为畅所欲言而使交谈的氛围变得更轻松愉快。

同时，如果你提的问题对方一时回答不上来，或不愿回答，不宜生硬地追问或跳跃式地乱问，要善于调换话题。如果对方仅仅是因为羞怯而不爱谈话，你就应先问点无关的事，比如问问他工作的情况或学习的情况，等紧张的空气缓和了，再把话题引向正轨。

引导提问，让对方多说

中国有句俗话："话到嘴边三分留。"的确，沟通中，我们与人说话，切不可占尽先机，而应把重要的话留三分，给他人表现的机会，让其说出关键点。这样，对方会从心里感激我们让给他的表现机会，进而对我们产生好感，这对于后续的沟通以及达成我们想要的沟通效果有很大的帮助。

法国哲学家拉·罗切福考尔德说过：如果你希望得到敌人，就超过你的朋友；但若想得到朋友，就让他们超过你吧。为什么这么说？因为从心理的角度看，当朋友超过我们时，他们便充满了成就感；但情况若是相反，他们就会深感羞耻并充满嫉妒。与人说话，同样是这个道理，让他人充满成就感，能使我们结交友谊，掌握交际的主动权。而我们要想把表现的机会让给别人，就要为别人创造说话的契机，而提问就是一种很好的引导法。

我们先来看看下面的故事：

有一次，美国的一家大型企业在纽约的报纸上刊登了一则大型招聘广告，希望能够招到能力突出的人才。一个名叫卡贝利斯的年轻人看到广告后，很想试一试，就给这家公司寄去了自己的简历。

几天后，他接到了这家公司的面试邀请函，但是他并没有和其他求职人员一样准备面试可能会被问到的问题，而是花费几个小时的时间在华尔街寻找这家公司创始人的一切消息。

面试这天，面对老板以及其他面试官，他有条不紊地说："我非常庆幸自己能够和这样的公司合作。据我了解，这家公司成立于28年前，当时只有一间办公室和一名速记员，对吗？"

短短的几句话果然效果显著，因为所有的成功人士对于曾经的创业经历都有特殊的情怀，这位老板也是如此，他花了很长时间来谈论自己如何以450美元现金和一个原始的想法创业，并如何战胜了挫折和嘲笑。他每天工作16～18小时，节假日也不休息，最终战胜了所有的对手，现在华尔街最知名的总裁也要到这里来获取信息和指导，他为此深感自豪，而这段辉煌经历也的确值得回忆，他有资格为此骄傲。

最后，他简要地询问了卡贝利斯的经历，然后叫来副总裁说："我认为这就是我们需要的人。"

卡贝利斯先生之所以会应聘成功，正是因为他掌握了一些经历千辛万苦的成功人士的心理，那就是，他们都喜欢缅怀自己的过去，并希望得到他人的敬仰。掌握这一心理后，他大费周折地研究未来雇主的成就，表现出对他的强烈兴趣，他还通过提问鼓励对方更多地谈论自己，而这一切都给老板留下了非常好的印象。试想，如果他主动说出未来雇主的创业史，即使语言再精彩，恐怕也只会让对方觉得他只是个很好的演说家，而不是"他们需要的人"。所以，如果你想赢得朋友，就请记住：给他人说话的机会，把重要的话让给对方说。

那么，与人交流，我们该如何引导提问，鼓励对方多说呢？以下是几个步骤：

1.提问法

就像故事中的卡贝利斯先生问雇主："当时只有一间办公室和一名速记员，对吗？"对于这样的提问，一般情况下，对方都会顺着问话者的思路回答问题。

2.在对方开始诉说后不要急于打断

沟通中，与人说话，我们可能会遇到另外一种情况，那就是你不同意别人的观点，这时你也许很想打断他，但是最好不要这样做，当人们在自己还有一大堆意见要发表的时候，往往是不会注意到你的，所以要保持开阔的心胸耐心听下去，并诚恳地鼓励他人把意见完整地表达出来。

一天，某电话公司员工正在工作，突然一位凶狠的客户冲进来，对工作人员破口大骂，威胁要拆毁电话。他拒绝支付某种电信费用，说那是不公正的，他还写信给报社，向消费者协会提出申诉，到处告电话公司的状。

面对这一麻烦，电话公司不得不采取应对措施，于是，公司派了一位最善于沟通的"调解员"去会见这位惹是生非的人。这位"调解员"静静地听着那位暴怒的客户大声地"申诉",并对其表示同情,让他尽量把不满发泄出来。

就这样,这位客户申诉了三个小时,这三个小时中,调解员一言不发,耐心倾听着他的牢骚。此后,他还两次上门继续倾听他的不满和抱怨。当调解员再次上门去倾听他的牢骚时,那位已经息怒的顾客已经把这位调解员当作最好的朋友看待了,并自愿把所有的该付的费用都付清了。

这则故事中,调解员为什么能成功说服这位惹是生非的客户并与之成为好朋友呢?这是因为他动用了情感的力量,并利用了倾听的技巧,友善地疏导了暴怒顾客的不满,于是这位凶狠的客户也通情达理了,矛盾冲突就这样彻底解决了。

3.关键时刻求教

也就是说,我们在与人说话的时候,不要显得无所不知,关键时候,你不妨对对方说:"这个问题我还真不清楚,您能帮我跟大家解释一下吗?"很明显,这样一说,话语权就交到了对方手里,同时,也能体现对方的能力,这是变相地给对方增光添彩。

一个精明的英国人曾经说过:"一个人在世界上可以有许多事业,只要他愿意让别人替他受赏。"的确,我们与人交际也是这个道理,说话留三分,让他人说出关键点,给他人表现的机会,在别人心中留下好印象,你会发现这种做法将会有利于长远的利益和奋斗目标！

运用封闭式提问，成功潜入对方的思维

生活中，相信很多喜欢刑侦类电影电视的人都发现：法庭上，法官似乎都有一套自己的问话策略。他会这样问嫌疑犯："你是否已经停止殴打被害人了？"此时，如果嫌犯回答"是"，则表示他曾经殴打过受害者，如果他回答"没有"就表明他还在对被害人进行人身伤害。而事实上，这位嫌疑犯并不一定真的伤害过别人，但面对法官的这种问话方式，他只好不打自招，因为在法官的提问中，已经设置了一个前提，那就是你"你曾经殴打过受害者"，无论怎样回答，这名嫌犯都会被法官误导，进而接受法官的问话。而这种提问方式，就是封闭式提问。

所谓封闭式提问，是指提出答案有唯一性、范围较小、有限制的问题，对回答的内容有一定限制，提问时，给对方一个框架，让对方在可选的几个答案中进行选择。我们在说服他人的过程中，对其进行封闭式提问，能逐步引导对方，让对方接受我们的建议，由此可见封闭式提问的重要性。

同样，日常生活中，我们在与人谈话的时候，不妨也运用

这一技巧，只要我们能善加运用，就一定能收到满意的效果。

销售员：那么，你同意获得利润最重要的是靠经营管理有方了？

顾客：对。

销售员：专家的建议是否也有助于获得利润呢？

顾客：那是毫无疑问的。

销售员：过去我们的建议对你们有帮助吗？

顾客：有帮助。

销售员：考虑到目前的生产情况，技术改革是否有利于生产一些畅销商品呢？

顾客：应该说是有利的。

销售员：如果把产品的最后加工再做得精细一点，那是否有利于你们在市场上销售呢？

顾客：是的。

销售员：如果在适当的时间，以合理的价格推销质量好的产品，你们公司是不是会得到更多的订单？

顾客：会的。

销售员：如果你们按照我们的方法进行试验，并且对试验结果感到满意，你们是不是下一步就准备采用我们的方法？

顾客：对。

销售员：那么我们现在可以先签个协议吗？

顾客：可以。

在这个范例中，销售员就是通过封闭式提问的方式，将客户的思维逐步引导到自己所希望的轨道上来从而最终说服客户购买的。

那么，我们该怎样进行封闭式提问呢？以下是几点建议：

1.二选一的提问方式

聪明的发问者总是预先埋下伏笔，让对方在不知不觉中陷入语言的陷阱。

一位保险销售员去拜访客户，见到客户他说："保险金您是喜欢按月缴，还是喜欢按季缴？"

"按季缴好了。"

"那么受益者怎么填？除了您本人外，是填你妻子还是儿子呢？"

"妻子。"

"那么您的保险金额是20万还是10万呢？"

"10万。"

二选一的提问方式，会让销售员在无形中给客户做了要购买的决定。销售员在推销的过程中，当发现客户有购买意向，却又犹豫不决拿不定主意时，销售员应立即抓住时机，采用这样的提问方式，销售员不必询问客户买不买，而是在假设他买的前提下，问客户一个选择性的问题。其实聪明的发问者总是预先埋下伏笔，让对方在不知不觉中陷入语言的陷阱。因为这是一种使用"是"或"不是"就可回答的问题。如果你前两个阶段完成得不错，那么在这个阶段就将得到"是"的答案。

用这种策略发问时，有我们值得注意的地方，不是所有人都会掉进我们设置的语言陷阱中，我们要注意对方的年龄和身份以及文化修养与性格特征，有人为人热情爽快，有人性格内向，有人马马虎虎，有人谨慎小心。每个人的性格不同气质必然相异，如果没有考虑这些条件而随便发问，便会有意外的状况发生。

2.给方案式提问

采用给方案式提问时，虽然是我们在提问，但最终的决定权还在对方手里，对方会有一种被尊重的感觉。

比如，销售中，我们可以这样问：

"您看您是年付还是季付？"

"您看您是亲自过来还是我给您把保单送过去呢？"

在交谈中，应避免用下面的方式：

"您看怎么办？"

"您看，还是尽快将字签了吧？"

3.提答案为"是"或"否"的问句

要确定对方的需要，你应该将这一点涵括在提问当中（运用反映需要的言辞），引出"是"或"否"的回答。

例如：

客户："我们现在用的笔记本电脑，它的电池使用时间太短，好几次在紧要关头就没电了。"

推销员："所以您希望电池的使用时间能够长些，对吗？"（用选择式询问确定需要）

客户："是。"

因此，在与人沟通时，如果我们能恰当提问，便可以顺利把对方带进自己的谈话模式中，变被动为主动；而如果我们不懂得如何提问的话，将无法带动谈话氛围并达成我们的目的。

掌握提问的技巧，让对方自行得出答案

我们都知道，与人沟通，我们通常都希望能说服对方，但在实际沟通过程中，我们经常费尽唇舌来表达自己的观点，对方却未认同，其实，如果我们改变策略，不直接表达观点而采取提问的方法，让对方自己得出结论，那么，说服工作就会简单得多。有这样一则故事：

约翰是一位家电推销员。周末的早上，和往常一样，他来到一个小区，然后按响了一户人家的门铃。

门开了,出现在约翰面前的是一个干净的男人,这个男人比较木讷,半天不知道如何开口。

约翰就主动开口了:"家里有高级的吸尘器吗?"

男主人怔住了。这突然的一问使主人不知怎样回答才好。这时,女主人满手油污地从厨房出来,回答:"我们家有一个吸尘器,不过不是特别高级的。"听到这一回答,约翰马上回答说:"我这里有一个高级的。"说着,他从车子的后备箱里拿出一个吸尘器,然后三下五除二地为女主人解决了周末早上的烦恼,屋子变得一尘不染。

接着,不言而喻,这对夫妇接受了他的推销。假如这个推销员改一下说话方式,一开口就说:"我是×公司的推销员,我来是想问一下你们是否愿意购买一款新型吸尘器。"你想一想,这种说话的推销效果会如何呢?

一般地说,和顾客打交道时,提问要比直接讲述好。但要提有分量的问题并不容易。而案例中的推销员是聪明的,面对相对内向和腼腆的夫妇,他采用的方式就是单刀直入的提问方法,极富杀伤力地"俘获了"客户。

那么,在沟通中,我们该如何提问呢?又该问哪些问题呢?

1.多问"为什么"

"我想您这样说,必定是有原因的,为什么呢?""为什么您的销售业绩总是比我们好呢？"

这样提问的好处是，对方有足够的时间和机会来回答，并且，因为这种问题是开放式的，所以对方的回答一般也是发散的，你可以获得更多的信息。因此，当你遇到很多不明白的问题时，你都可以问"为什么"。当然，你一定需要注意的是自己的态度和语气，不要让对方觉得你是在质问他。

2.问"你的意思是……？"的问题

"你的意思是……？"这样问时，你可以配合一定的肢体动作。另外，你需要注意的是，当你说完这五个字以后，就不要再说话了，让对方来接你的话，效果会好很多。

3.问"除……之外"的问题

"我已经清楚你的意思了，那么，除了这点外，你觉得还有什么比较重要的吗？""我很同意您说的这点，那您还有什么其他的想法吗？"

同样，在问这类问题的时候，我们也应该注意自己的语气。只要做到这点，对方一般都是乐意向我们和盘托出的。

例如，如果你是某公司的销售主管，而你发现最近一段时间内，公司的销售业绩一直不是很好，你知道问题出现在销售人员身上，但你也不好直接批评他们，对此，当他把原因归结到前半个月是促销期的原因后，你可以接着继续问："对，前半个月是促销期，那么除了这个原因，你认为还有没有其他的原因呢？"销售员说："我感觉好像这几天没有以前那么有信心了。"此时，你就应该继续抓住机会问："是什么原因导致你信心下降呢？"

只要你能坦诚地用心和对方交流，沟通其实并不会很难。

总之，用引导的方式提问，是一种巧妙的语言艺术，善于提问，你几乎可以得到任何你想要的结果。

话要巧说，提问也要用对方喜欢的方式

曾有心理学家称，心理上的亲和，是别人接受你意见的开始，也是转变态度的开始。根据这一点，我们可以看出，要想说服他人，用心不如用情，同样，提问这一语言艺术也可以运用其中，我们可以从对方喜欢的角度问起，这样比直接灌输大道理效果好得多。

陈勇在一家珠宝公司的宣传部上班，他做事认真，为人也很耿直，为此，他得罪了不少领导。和他同时进公司的刘鹏进了公司的销售部，但因为一件事，刘鹏却进了公司总部，成了陈勇的上司。

那天，在公司每月的例会上，宣传部部长决定："为了促进公司新款珠宝的发售，我决定加大宣传力度，这月月末就

在本市的水上乐园举行一次大型展览，希望大家努力办好这次展出。"

陈勇一听，觉得荒谬至极，他本来就觉得这个宣传部部长太专制，什么事都喜欢自作主张，也不和其他人商议。这一点，他看不惯已经很久了。但是他性格太直，当着众人的面，他就回了宣传部部长一句："你这是不是太草率了？都不做市场调查吗？这可关系着我们公司下半年的销售额和资金的运转！"陈勇将这些话脱口而出。当时，会场上的很多人都屏住了呼吸。

"你知道什么，等你坐到宣传部部长的位子再说！"说完，宣传部部长气急败坏地离开了会议室。

但令陈勇奇怪的是，那月的水上公园展览居然没有办，而自己的好朋友刘鹏则爬到了宣传部副部长的位子。原来，当时会上，刘鹏也很不同意部长的做法，但是他并没有直接在会上指出来，而是等会开完了，对部长道出了事情的利害："我一直都很佩服您，做事一向都很有魄力，但这次我们推出的是我们公司今年的主打产品，去水上乐园的一半都是孩子，这么昂贵的奢侈品并不怎么适合在那展出，到时候做了无用功就不好了。"部长一听，觉得刘鹏说得没错，并向总部推荐刘鹏担任副部长，成为了自己的左右手。

针对同一件事，两种不同的说话方式，导致了不同的结果和职业命运。有时候，说话不能太诚实就是这个道理。面对领导的错误决定，陈勇开门见山地提出问题，很明显，这样直截了当地质疑是错误的，让领导在众人面前下不来台，一个领导的尊严受到了损害，领导自然很生气。而相反，刘鹏的做法明显好得多，先赞美领导，肯定了领导果断的行事作风，这至少让领导觉得自己的能力是被肯定的，这样，在听取意见的时候，自然容易接受了。

案例中下属刘鹏使用的就是赞美法。这一现象是有一定的心理原因的，因为人都有一种获得尊重的需要，即对力量、权势和信任的需要；对地位、权力、受人尊重的追求，而赞美则会使人的这一需要得到极大的心理满足。可见，赞美不仅能用于求人办事，还能让他人接受我们的批评与指正，尤其是当我们批评的对象是比我们职位高的上司时。要明白，领导也并不是完人，也会犯这样那样的错误，行为上也会有些失误与不足，我们在指出领导不足的时候，一定要注意方法，硬碰硬、针锋相对只会侵犯领导的权威，在这种情况下，别指望领导会向你屈服。而相反，假如你能先对领导赞美一番，就顺从了对方的心理，那么你在劝说的时候，也少了很多阻力。

当然，除了恭维法，提问法也能说服他人，不过需要我们注意的是：

1.发问前最好以利益诱导

现实生活中,人际交往并不是完全脱离利益而存在的,比如,有时人们参加社交,就是为了获得一定的资源。我们在选择话题的时候,如果能从人们的这一心理出发,主动给予利益上的诱惑,那么,对方一定会上钩。举个很简单的例子,当我们需要请朋友吃饭以获得他们的帮助时却发现,我们与对方的关系并没有那么深厚,如果你直接邀请,很可能让对方觉得你是有求于他,会随便找个借口拒绝。而如若我们能委婉一点,先找一个能诱惑对方的理由,然后发问,比如,我们如果告诉同事:"今天晚上我们公司的张总可是会来哦!"再或者告诉我们的普通朋友:"这次的晚宴,我们挑选的是你最喜欢喝的××酒,你去不?"在这样的利益引诱下,我们成功邀请的可能性就会大很多。

2.多说暖人心的话

现代社会中,竞争之激烈早已毋庸置疑,在说服他人时,正因为双方都是精明的,所以说服工作才多了更多阻碍。为此,一些人认为效果最佳的方法就是给对方施加压力,但事实上,无论是何种较量,"用刑"都不如"用情",用点儿情说话,会更容易打动对方,让对方臣服于我们的真情实意,说服结果自然会有利于我们。因为人都是感情动物,都会"感情用事",即使在谈话过程中涉及利益问题,对方也可能会因为

"情"而作出偏向我们的决定。

总之,我们若想成功操控他人心理,达成我们的说服目的,一个行之有效的方法就是用对方喜欢的方式,在此基础上,你再提出自己的问题,对方自然就很容易接受。

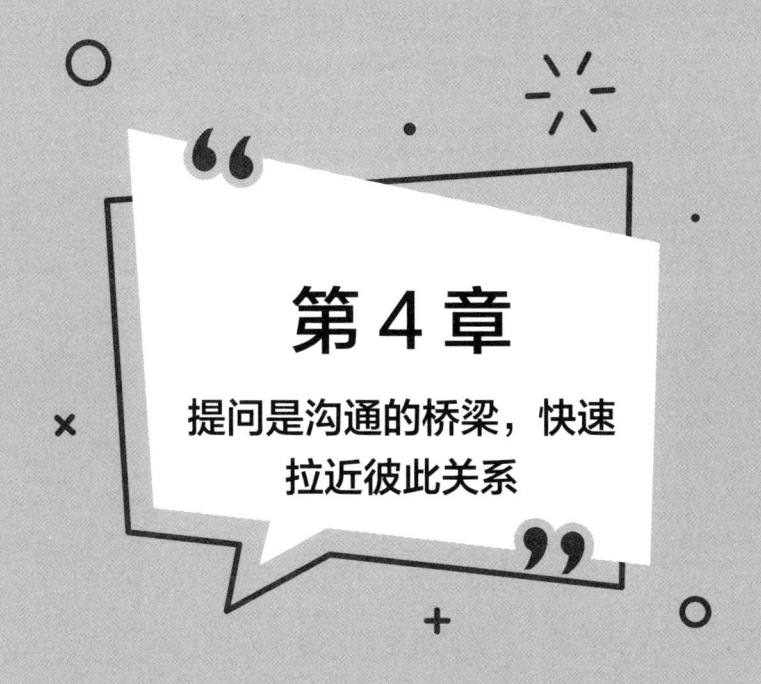

第 4 章
提问是沟通的桥梁,快速拉近彼此关系

所谓沟通,本来就是一个有问有答的过程。沟通对象可能会因为有抵触心理而不肯与你配合,不愿意告诉你实情。在这个时候,我们便可以运用提问的方式,营造出良好的沟通氛围,在拉近与对方之间的距离后再巧妙地从对方的口中"套出"你想要知道的信息就容易多了。

提问的技巧

提开放性问题,能营造良好的沟通氛围

我们都知道,人与人之间的沟通是相互的,沟通中,我们绝不能唱独角戏,不少人感叹自己不善于沟通,其中一个重要的原因就是与交谈的对方话不投机。那些善于交际的高手似乎总是能营造出一个愉快的说服氛围,而其实,这是因为他们善于提问来挖掘谈资,沟通双方一旦找到了沟通的兴趣所在,便会在一来二往之间增进彼此的感情。但事实上,提问也并非是一件易事,因为我们的提问只有在发挥积极的作用下,对方才愿意回答。而这就要求我们多提积极的、开放的问题。因为通常来说,只有开放性的问题才能让双方交谈的范围越来越广,双方才更有谈资,也才更能产生积极的沟通效果。

小王是一个推销员,经常是天南海北地跑。有一次,他出差到了杭州,工作任务是与商家洽谈一笔生意。

到了约定的时间,小王来到酒店,双方代表面对面落座。小王注意到对方是一个不苟言笑的人,而且,见到小王来了,他还在低着头看报纸。小王觉得比较闷,就主动向对方打招呼:"最近杭州天气比较热啊?"

没想到，那位谈判对手头也不抬，冷漠地回答："杭州都是这样的天气。"

小王并没有放弃想交流的欲望，他继续问："听口音您不是本地人吧？""噢，山东枣庄人。"对手抬起头来，警觉地看了小王一眼。"啊，枣庄是个好地方！读小学的时候，我就在《铁道游击队》的连环画上知道了。两年前去了一趟枣庄，还在那边玩了两天呢，很不错，真是个好地方。"听了这话，那位枣庄人精神为之一振，马上起身放下报纸，先是递烟，又与小王互赠名片。两人越聊越高兴，晚上相约一起进餐。就在当天晚上，双方就谈成了互惠互利的一笔生意。

在这个案例中，小王向谈判对手提问"最近杭州天气比较热啊""听口音您不是本地人吧？"进而通过这个提问引发了一个关于回忆枣庄的话题，这其实就是一个开放式的提问，其目的是借助寒暄来营造出有利于谈判进行的和谐气氛。

通常情况下，我们与人谈话，是能通过提问来达到寒暄和拉近彼此关系的目的的，比如，询问对方的兴趣、爱好，或者询问一下时事新闻，等等，这都可以调动对方想诉说的欲望。等到气氛差不多了，再言归正传、达成目的。而在寒暄时的提问，大多是宽泛的，对回答的内容也没有限制，而提问者本身也没有明确的目的。

所谓的开放性的问题，指的是那些有很大的回答空间的问题，这样才能激发对方的谈话欲望，让对方能够自然而然地畅所欲言，从而帮助我们获得更多有效的信息。在对方感受到轻松、自由的谈话氛围后，他们通常会感到放松和愉快，这显然有助于双方的进一步沟通。

通常来说，开放性的提问方式，有一些的典型问法，比如，"为什么……""……怎（么）样"或者"如何……""什么……""哪些……"等等。具体的问法就像案例中一样，需要我们认真琢磨和多实践才能运用自如。

当然，在提开放性问题的时候，我们还需要注意以下几点：

1.以轻松的问题发问

以轻松的话题开头，最好不要涉及我们的说服目的，这样，才能打消对方的戒心和顾虑，使对方乐于与你交谈。当对方暴露出需求时，你再主动出击，将问题转变得较明确。例如：

"您好。是周经理吧，我是××公司的小王，您最近很忙吧？"

"是呀。"

"周总，端午节就快到了，不准备庆祝一下吗？"

"当然了，我们正在安排呢。"

"那我先预祝您节日快乐。"

"谢谢，您有什么事啊？"

"我们给您发过一份传真,说明了一下我们公司的业务内容,不知道您收到了没有?"

当然,以这种问法开头,要求我们掌握在交谈中的主动地位,这样问的目的在于一步步引导对方,在对方肯定了我们所有的问题后,自然会得出积极的结论。

2.不要轻易否定别人的回答

说服他人的过程中,如果当你提出某个开放性问题后,对方的回答你不认同,你甚至特别想说服对方接受你的观点,此时,你最好不要一上来就否定对方的观点,因为谁也不喜欢被人否定。相反,如果你能机智、委婉地说出你的观点,然后将对方引导到其他话题,从而让他们忘记自己原来的观点,这是能将话题继续下去的明智之举。

3.提问不要涉及对方的忌讳

每个人都有一些别人不愿提及的忌讳,因此我们在提开放性问题的时候,最好要避开这类话题,把握分寸,不要伤害到别人的自尊心。

总之,人们与人沟通,都希望在轻松、和谐的气氛中进行,而是否能达到良好的沟通效果,直接取决于大家交谈的话题合适与否,我们多提开放性的问题,能使双方在你来我往的沟通中加深感情,从而建立起友谊,何乐而不为呢?

提问的技巧

通过提问，激发对方的好奇心

心理学上有个著名的"猎奇心理"。"猎奇心理"属于一种人的心理活动，每一个人或多或少都会有这样的心理，即对别人不让你去做的事想要去做，要看个究竟，并且好奇心特大。"猎奇心理"也就是我们常说的好奇心理。在人际沟通上，我们也可以利用人们的这一心理，"说话留三分，设置悬念"，这样能帮助我们掌握沟通的主动权。这一心理技巧是先将自己的思路引入对方思维的轨道，然后，把对方置入困惑的境地，点燃对方的帮助欲望。说话留三分，又可以称为"吊胃口"，要想制造这种情境，我们可以通过提问的方式，问一个有悬念的问题，秘而不宣，吊住对方的胃口，在对方不断地追问之下，你才提出自己的要求，这时你就掌控沟通的主动权了。

老李平时工作很忙，这不，最近他又忙于一个工程，已经好多天都没有和孩子坐在一起吃团圆饭了。

一天晚上老李加班到9点多，工作了一天很累并有点烦。回到家中发现孩子还没有睡，在等他。孩子开口说道："我可以问你一个问题吗？"

老李回答："什么问题？"

孩子好奇地问："你一小时可以赚多少钱？"

"在这等我不去睡，就是为了这个问题吗？无聊。"老李生气地说。

"我只是想知道，请告诉我，你一小时赚多少钱？"孩子几乎用哀求的口气问他。

老李回答说："你一定要知道的话，我一小时赚20元。"

"哦，"孩子低下了头，接着又说，"你可以借我10个硬币吗？"

老李发怒了："开什么玩笑，现在就回去睡觉。好好想想为什么你会那么自私？我每天长时间辛苦工作着，没时间和你闹着玩。"

老李平静下来后，意识到自己刚才对孩子太凶了，他走进孩子房间问道："为什么你会无缘无故想要硬币呢？""这些钱都是我存的，不过还差10个硬币，如果我有了20个硬币，我还有一个小小的请求。"老李有点好奇："什么请求啊？""我可以用这20元钱买你一小时的时间吗？明天下班了，我想和你一起到外面吃晚餐。"孩子开口说道，老李哈哈大笑："就这啊，我还以为是什么大事呢，没问题，明天我提前下班，咱们好好吃一顿。"

孩子先以"问钱"设下悬念，等老李到9点多仅是为了问一句"一小时可以赚多少钱？"这个问题显得突兀而奇怪，然后再以"借钱"设悬念："平时很少要过钱"的孩子竟向自己开口借10个硬币,以致"老李发怒",而后为了解开疑团,老李主动询问,孩子趁此机会提出"要求",老李在欣喜之余答应了。

从心理学的角度看,所谓好奇心,指的是人们在遇到新奇的事物时或处在新的外界条件下所产生的注意、操作、提问的心理倾向。我们每个人的心理都是不满足的,而好奇心就是人们希望自己能够知道或了解更多事物的不满足心态。与人沟通中,假如能巧妙通过提问设下"陷阱",激起对方想了解你的欲望,那么你的目标就有可能成功了一大半。

当然,除了提问的方法外,要想设置悬念,还有很多其他方法,但凡事都要有个度,在适当的时候戛然而止,说出你的风采,让一句机智的妙语胜过一摞劣书。以下是除了提问,我们可以运用的其他几点技巧:

1.故意说错话

在沟通过程中,不妨故意说错话,但话到中间却又巧妙一转,比如,如果你有求于他人,你可以在此时表示自己的歉意"不好意思,这些话不该说的,其实,我不想让你知道我现在的处境",等等,激起对方的好奇心,追问之下,再假装无奈地说出自己目前的情境,顺势提出请求,对方会乐意帮助你的。

2.设下"陷阱"

依然是以求助为例，有时候，对方可能根本不知道你有求助的意思，所以，你要巧妙设下"陷阱"，通过自己的语言或行为透露给对方"自己有可能出事了"，这样他反而会主动问你"出了什么事""需要帮忙吗"。

3.设悬念

如果对方主动问你"出了什么事情"，你可以设计悬念"我也不知道怎么说……还是不要跟你说好了""其实都是小事，你还是不要知道好了"，点燃对方想要帮助的欲望，这样对方会继续追问，迫切地想了解你的情况，甚至主动提出给予你帮助。

可见，在沟通中，我们在说话时借用提问，恰到好处地留下"悬念"，这样会使对方在回旋推进的言论中产生"山重水复疑无路，柳暗花明又一村"的感觉，继而激发无穷的兴味，有效地影响对方心理，最后一步步达到自己的目的。

发问之前，先来点儿赞美

人，总是希望能够得到他人的赞美。无论是咿呀学语的孩子，还是白发苍苍的老人，都会希望获得来自社会或他人的赞美，从而让自己的自尊心和荣誉感获得满足。有位企业家说过："人都是活在掌声中的，当部属被上司肯定，他才会更加卖力地工作。"同样，在人与人之间沟通时，我们在使用提问这一语言艺术前，不妨也嘴甜一点，把赞美的话说到对方心里去，这样会让他人喜欢与我们相处，也自然乐于配合回答我们的问题。

法国的拿破仑就非常知道赞美的力量，而且他也具有高超的统帅和领导艺术。他主张，对士兵要"不用皮鞭而用荣誉来进行管理"。他认为：一个在伙伴面前受到体罚的人，是不可能愿意为你效命疆场的。为了激发和培养士兵的荣誉感，拿破仑对每一位立过功的士兵都加官晋爵，而且还会在全军进行广泛的通报宣传。通过这些赞美和变相赞美，去激励士兵勇敢战斗。

另外，美国历史上有一个年薪百万的管理人员名叫史考伯，是美国钢铁公司的总经理。有记者曾经问他："您的老板为何愿意一年付给您超过一百万的薪水呢？您到底有什么本事能拿到这么多的钱？"史考伯回答说："我对钢铁懂得不多，但我最大的本事是能让员工鼓舞起来。而鼓舞员工的最佳方法，就是表现出对他们真诚的赞赏和鼓励。"史考伯就是凭着他会赞美他人而年薪超过一百万的。有趣的是，史考伯到死也没有忘记赞美别人。他在自己的墓志铭上写道："这里躺着一个善于与那些比他更聪明的下属打交道的人。"

我们先来看这样一个故事：

从前，一个秀才高中，马上就要到京城做官去了，离别前，他向自己的恩师拜别。

恩师对他说："京城不比家里，那里人心险恶，你需要求人办事的地方多了，切记一定要谨慎行事。"

秀才说："没关系，现在的人都喜欢听好话，我呀，准备了100顶高帽子，见人就送他1顶，不至于有什么麻烦。"

恩师一听这话，很生气，以教训的口吻对他说："我反复告诉过你，做人要正直，对人也该如此，你怎么能这样？"

秀才说："恩师息怒，我这也是没有办法的办法，要知道，天底下像您这样不喜欢戴高帽的能有几人呢？"秀才的话一说完，恩师只好点头称是。

走出恩师家的门之后，秀才对他的朋友说："我准备的100顶高帽子现在只剩99顶了！"

这个故事虽然是个笑话，但却说明了一个道理：谁都喜欢听赞美的话，就连那位教育学生"为人正直"的恩师也未能免俗。也就是说，只要我们善于挖掘，找到对方想听的美言，先赞美再发问，对方一定能高兴地接受。

当然，在提问前赞美以此来达到我们的目的时，我们还必须要注意一些问题，凭空的、空泛的赞美谁都会，仅仅是几句好话而已，但这起不到赞美的作用。赞美别人，必须确认你所赞美的人"确有其事"，并且要有充分的理由去赞美他。倘若只是为了赞美而赞美，那么，对方就会觉得你的赞美非常空洞、虚假，进而认为你是个虚伪、油嘴滑舌的人。比如，你若夸奖一个十分肥胖的女人："你的身材真好。"那么，对方肯定会觉得你虚情假意，但如果你能把赞美的点放在她的发型、服饰等方面，那么，就能获得不一样的效果。

那么，人们究竟希望得到什么样的赞美呢？我们又该如何去巧妙地赞美他人呢？

1.发自内心地恭维

当我们真诚地赞美别人时，对方也会由衷地感到高兴，并对我们产生一种好感。所以，要想缓和增进双方的关系，拉近彼此的距离，不妨对其使用真诚的赞美。

如果我们对一位清洁工人这样恭维："您真是一位成功人士啊！您具有非凡的气质，您是一位伟大的人！"对方一定会认为我们精神有问题，因为这些话听起来和他没有一点关系。

总之，恭维别人时，一定要发自内心，并有据可依。唯有这样去恭维他人，才能抓住对方的心，才能获得对方的好感，改善人际关系。

2.恭维的话要说得具体

赞美要具体，不能含糊其词，否则可能会让对方感到混乱和窘迫。赞美越具体，说明你对被赞美者越了解，也更容易让对方接受你的赞美。

克莱斯勒公司为罗斯福总统制造了一辆汽车，因为他下肢瘫痪，普通的汽车是无法使用的。当工程师将制造好的汽车送到白宫时，总统立即对它产生了极大的兴趣："我觉得简直不可思议，只需要按按钮，车子就能跑起来，真是太奇妙了！"

他的朋友们也在一旁欣赏汽车，总统当着大家的面夸奖："我真感激你们花费时间和精力研制了这辆车，这是件了不起的事！"总统接着欣赏了车的散热器、车灯等。也就是说，他提到了车的每一个细节，并坚持让夫人和他的朋友们注意这些装置。

这些具体的赞美，让人感到了他的真心和诚意。

3.把握恭维的度，话要说得恰如其分

真诚的赞美应该是恰如其分的，不空泛，不夸大，不含糊，具体，确切。而且，所要赞美的事情也并非一定是大事，即使是别人的一个很小的优点，只要给予恰如其分的赞美，就不属于"拍马屁"。

的确，赞美的目的是要对对方表示一种肯定和欣赏，让对方能从我们的话中领会这些含义。然而若是赞美不当，就如同隔靴搔痒，不仅起不到好的作用，反而更像"拍马屁"，只会引起对方反感。

用提问打开沟通的话题，转交对话主导权

在生活中，人们都有这样的心理，对于那些关系一般或者不熟识的人都是心怀戒备的，而一旦对对方产生好感，并愿意与之结交后，对于对方给出的意见、提出的请求自然也就欣然答应了。因此，在与人沟通的过程中，倘若对方是与你关系特别要好和熟悉的人，那么可以直截了当、随便一点。但若对方是与你关系一般的人、生人或社会地位较高的人时，则常常需要一个"导入"的过程，我们首先要做的就是寻找话题、消除对方心里的芥蒂。而寻找话题的方法有很多，其中就有提问法，用提问打开沟通的话题，转交对话的主导权。

小月大学毕业后，找到了一份不错的工作。可是由于自己初来乍到，经济也不宽裕，所以选择了和别人合租。

刚搬进新家不久，小月就发现隔壁的静香是个不善言辞的人。对方爱看电视，而且总是看韩剧，喜欢着装打扮。而对于小月来说，她更喜欢看国内的都市剧，更喜欢朴素淡雅一些。两人没有共同的兴趣爱好，所以尽管住在同一个屋檐下，但是却很少交流。

时间久了，小月感觉非常难受。她试图和对方交朋友。可是接触了几次之后，因为话不投机而不得不放弃。但是她真的想和对方像朋友一样交流。

一次,小月打开电视刚好是韩剧,她找遥控板想换台,可是找来找去就是找不着,不得不看韩剧,看了几分钟之后,她觉得还挺有意思。那晚,她没有再换台,一直在看韩剧。第二天,静香主动找她说话:"昨晚你也是在看韩剧《大长今》吗?"

小月笑了笑说:"是啊,情节挺感人的。"

那天,静香还表达出了对小月的关心。小月渐渐明白了,要想获得静香这个朋友,那么就要向她的爱好靠近。这样双方有了共同的话题,才能交流感情。

从那以后,小月也每天盯着看韩剧,而且有时候也会叫静香一起看,她也慢慢地喜欢上了打扮自己。两人共同交流心得,隔三差五还拉着静香一起去逛超市、买衣服。

就这样,小月和静香成了形影不离的好朋友,后来成了好姐妹。正可谓是有福同享,有难同担。在这个陌生的城市里,小月再也不是孤单一人了。

其实,最后小月和静香之所以成为了好朋友,正是因为她通过从静香的兴趣入手,用一句试探性的问句拉近了彼此之间的距离,获得了对方的好感。如果小月不是主动从静香的兴趣爱好着手,那么她可能没有办法让静香接纳自己。

可见,面对不熟悉的人,一开始最好避免开门见山地直述自己沟通的目的,先迂回地谈些其他事情,比如天气、足球、服装、电影,等等,从中找到共同兴趣点,然后在共同感兴趣的话题上不露痕迹地、自然地转入到正题上去，这样可以取得很好的效果。

那么，我们该怎样运用提问法打开沟通的话题呢？

1.从对方关心的对象提问

交谈时如能从对方十分关爱的对象切入，也是一种投其所好的方式，有利于打开交谈局面。

2.从对方最深切的情缘问起

人都是有情感的。交谈时，如果能从对方最深切的情缘切入，情深意切，往往能使其打开话匣子，达到交谈的目的。

比如，当你发现对方和你有相同的地方口音时，你可以问："您也是××人吗？"或者，当你发现对方办公室挂着很多足球协会的照片时，你可以试探性地问："您也是××球迷啊？"

3.从对方"在行"的话题提问

常言道，三句话不离本行。人们都喜欢谈论自己在行的话题，因为它关系一个人的成败与荣辱。因此，我们与人交流时，要想接近对方，可以从他最精通的话题问起，这样常常能够引起对方的谈话兴趣，唤起对方的成就感，让他觉得与你有共同语言，有"话逢知己千杯少"的感觉，交谈自然就会有好的结局。而对于你所熟悉的专门学问，对方不懂，也没有兴趣，就请免开尊口。

当然，运用提问法打开话题，还需要我们懂得倾听，倾听的目的在于了解对方的想法和要求，事实上，任何一个善于说话的人都应该知道倾听在沟通中的重要性。而在交谈中，如果对方是主角，我们更应该让对方多谈，自己多听，从而更能掌握对方的心理。

总之，人们对于自己不熟悉的人或事，往往都持有一种排斥的心理。因此，在沟通中，如果直截了当，会显得突兀，让对方难以接受，而如果我们能以提问投石问路、巧妙铺垫，然后再导入主题，对方会更易接受。

"二选一"提问法，轻松帮你达成沟通目的

在人与人的沟通中，我们会遇到一些问题需要向别人询问答案的时候，方式不能太直接，因为那样比较容易让对方产生抵触心理，同时，也不能给对方太多选择的余地，因为那样的话，对方很可能会举棋不定，无所适从。要想得到正确的答案，我们不妨采用"二选一"的提问方式来套出答案。

心理学大师告诉我们"二选一"是一种非常有效的提问技巧，因为这种方式能够在很短的时间之内让自己掌握主动权，使对方进入自己所希望的状态之中。比如，当一个探员想

约见某一人时,绝不会说"您什么时候有时间",而是会问对方"您明天有空吗?"这样一来,对方哪怕明天没有时间,也会在下意识里思考一下什么时候有空,然后再给你一个明确的答复。

其实,在现实生活中,很多人都擅长用"二选一"的方式来套出答案,从而达到自己的目的。

有一个媒婆很会做媒,无论是男是女,只要是有人愿意考虑结婚的事,她都能有百分之百的把握去给他们做媒。为什么这个媒婆能有如此大的能耐呢?最关键的就在于她的提问方式。她说道:"当一个人对婚姻大事举棋不定的时候,你不能问他什么时候考虑婚事,也不能问他为什么到现在也不考虑找对象的问题,而是要直截了当地提问'是自由恋爱的方式好,还是介绍见面的方式好?'如果他做了选择,那就表示事情已经成功了一半,然后再谈结婚的事。"

在婚姻大事上,有很多人往往会因为对自己想要选择的配偶形象太过迷茫而举棋不定,不知道该如何选择。为了掩饰这种迷茫心理,他们往往会寻找这样或者那样的理由。因此,这位聪明的媒婆通常都不会询问他为什么不找对象的问题,而是以"二选一"的方式问他选择什么样的恋爱方式。如此一来,就会使他产生"是否结婚的问题已经解决了"的错觉,从而顺着你的思路做出选择。

第4章
提问是沟通的桥梁，快速拉近彼此关系

心理学大师告诉我们，在平常的生活中，不要询问别人："你想要什么""你喜欢什么"，而是应该为对方提供两种答案来供其选择，只有这样才能有效地将对方引入到一个自己设定的领域当中去。

小王在一家公关公司担任市场专员，面对客户的种种借口，他总是能找到解决的办法。

一次，他听说某著名时装公司要办一场下一季的时装秀。他查看了一下以前收集的该客户的资料，想了想该怎么开场后，他拨通了第一个客户的电话。

小王："周总您好！"

客户："你好！哪位？"

小王："我是××公关公司的市场专员小王，您有听过我们公司吗？"

客户："……好像听过，你们公司在这个行业还是有一点声誉的。"

小王立刻道："承蒙您夸奖，我听说贵公司马上要办一场下一季的时装秀，是不是？"

客户："嗯，是的。"

小王："太好了！您既然听说过我们公司，就应该知道我们有很优秀的策划团队，在活动的策划方面有着相当丰富的经验，能帮助贵公司做到最好的宣传效果，您明后天哪一天比较

有空,我们当面沟通一次?"

客户:"不好意思,我这两天挺忙的,秘书已经把我的行程都排满了。"

小王:"没关系,您日理万机,肯定很忙。我们公司在公关界还是有一定声誉的,也成功策划过很多公关活动,贵公司规模这么大,肯定少不了公关活动。我想,大家认识一下,对双方还是有好处的,而且您放心,我只需要借用您10分钟时间。您看今天是周二了,我们是周四还是周五见个面呢?"

客户:"呵呵!你还真执着,那就周四上午吧。"

小王:"谢谢您的夸奖,请问是9点还是10点呢?"

客户:"那就9点半吧。"

小王:"好的,那我们就周四上午9点半见!祝您工作顺心,周总再见!"

客户:"谢谢,再见!"

挂完电话后小王并没有马上开始打下一通电话进行营销,而是用手机编辑了一条短信发给周总,短信内容如下:"周总您好!非常感谢您能在百忙之中接听我的电话,祝您工作顺利,心情愉快!顺便确认一下您的地址是:××大厦18楼1803室,见面的时间是:本周四上午9点半。××公关公司市场专员小王敬上!"

在这段销售情景中,我们发现,当客户称自己"忙"时,销售员小王给客户设置了三个选择性的问题，让客户自己做出选择："明后天哪一天比较有空""我们是周四还是周五见个面呢""请问是9点还是10点呢"，这就是二选一的提问方式，这种提问方式的好处是：把客户的思维设置在了一定的范围内，这样，无论客户选择哪种，都是在已经决定和你面谈的前提下，这对于销售员来说，都是成功了。

"二选一"的提问方式适用于很多场合。比如，一位银行的职员想要劝别人储蓄的时候，往往不会问他要不要储蓄，而是问他是选择活期还是定期的存款方式；一位善于教育孩子的家长，绝不会对不想学习的孩子说什么时候做作业，而是会问"你今天是要复习功课，还是要预习功课？"

可见，"二选一"的方法能够让对方按照自己的要求做事，同时也在表象上给了对方一个选择的机会，让对方感觉到结果不是强加给他的，而是他自己选择的。这样就能够很好地维护一下对方的自尊心和虚荣心，从而让对方更好地与你进行合作，最终达成协议。

在向别人进行提问的时候，我们不能简单地问对方"是还是不是""要还是不要"，除非你有充足的把握让对方回答"是"或者"要"。

"二选一"的提问方式只是一个规则，并没有特定的形式，使用这种方法进行询问的时候，应该根据不同的情况而选

择不同的提问语言,比如:

"你比较喜欢3月1号还是3月5号交货?"

"发票要寄给你还是你的助理?"

"你要用信用卡还是现金付账?"

"你要红色还是蓝色的汽车?"

"你要用汽运还是空运?"

当你使用"二选一"的方法提问的时候,相信无论客户选择哪个答案,都能够满足你的要求。

当然,在使用"二选一"提问方式的时候,也应该尽量地把握好一定的分寸,注意问话的语气,思考一下所提供的两种答案的先后顺序。如果不思考这些问题,只是机械地以这种方式进行提问,很可能会碰一鼻子灰。

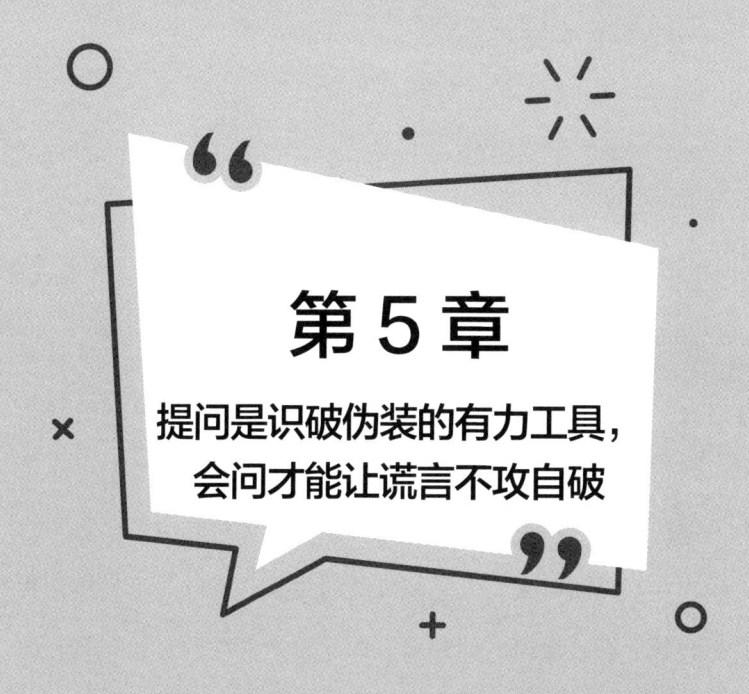

第 5 章
提问是识破伪装的有力工具，会问才能让谎言不攻自破

中国自古以来就是一个以关系为本位的社会，而任何人际关系都是建立在对交际对方的了解之上。知己知彼百战百胜，然而，现实生活中，人们在交往的过程中，出于各种目的，并不会对彼此敞开心扉，有些人甚至会编造出各种各样的谎言，为此，我们需要通过提问来了解真相，但直截了当地提问，不但会"打草惊蛇"，还会让对方加重戒备心。那么，如何问才能识破伪装，把握人心呢？带着这一问题，我们来看看本章的内容。

提问的技巧

从细节上发问，探明真相

在现代社会，我们一直倡导诚信原则，但我们却时常看见有违这一原则的现象的出现，尤其是在一些有利益争端的判断中，当然，有时候，有些谎言的出发点是善意的，他们可能是为了保护某个人不受伤害。但谎言无论是善意的还是恶意的，它的存在都隔断着人与人之间真诚的关系。所以无论怎样，我们都要学会识破谎言。如果对方的谎言是善意的，我们就更加能够理解对方的苦心，避免彼此之间产生误会，加深彼此之间的感情。如果对方的谎言是恶意，那么，识破谎言则有利于保护我们自己不受伤害。那么，怎样才能识破谎言呢？

其实，我们都知道，任何一条谎言的存在都是不以事实为根据的，为此，撒谎者必须事先计划好，但无论如何，它都会存在一定的漏洞，这就是我们识破谎言的入口。因此，我们可以从这一点出发，通过提问一些细节，对方便会在不知不觉中露出破绽。

我们先来看看下面这样一个爱情故事：

杰克和琳达已经相恋五年了，长时间以来，琳达都对杰克不满，因为她认为杰克是一个胆小怕事的男人，生活中的大小事，杰克都会让琳达先试一试。

有一次，他们出海游玩，但就在他们准备返航时，却遇到了飓风，他们乘坐的小艇被飓风无情地摧毁了，在危急时刻，幸亏琳达抓住了一块木板，两个人才保住了性命。面对着一望无际的大海，琳达问杰克："你害怕吗？"听到琳达这么问，杰克却一反常态，表现得非常英勇，他从怀中掏出一把水果刀，一本正经地说："害怕，但是我必须保护你。如果真的遇到鲨鱼，我就用这个来对付它。"看着那个小小的水果刀，琳达不禁摇头苦笑。

后来，他们终于看到了一艘轮船，便急忙求救，但就在这时，他们看见不远处有一条鲨鱼，琳达赶紧对杰克说："杰克，赶紧用力游，我们一定会没事的！"想不到的是，杰克突然用力把琳达推进海里，独自扒着木板朝轮船奋力游去，并且大声喊道："亲爱的，这次让我先试！"琳达惊呆了，望着杰克的背影，她觉得自己必死无疑。鲨鱼正在靠近，但是，让人惊讶的一幕发生了，鲨鱼径直向杰克游去，而并没有像琳达担心的那样直冲向琳达。鲨鱼凶猛地撕咬着杰克，血水瞬间蔓延开来，在最后的时刻，杰克竭尽全力地冲琳达喊道："我爱你！"

因为鲨鱼冲向了杰克，所以琳达获救了。甲板上的人都在默哀,船长坐到琳达身边说:"小姐,你的男友是我所见过的最勇敢的人。我们为他祈祷,希望他在天堂里没有痛苦!""勇敢?他是个胆小鬼!"琳达伤心地说:"他在危急时刻抛下我独自逃生……"船长惊讶地张大了嘴巴:"为了救你,他牺牲了自己的生命,您怎么能这样说他呢?"琳达疑惑地看着船长,船长接着说:"刚才,我一直在用望远镜观察你们的情况,难道你不纳闷为什么鲨鱼对近处的你不闻不问,而径直地游向远方的他吗?原因其实很简单,我清楚地看到他把你推开后,用刀子割破了自己的手腕。大家都知道,鲨鱼对血腥味很敏感。假如不是因为他这样做来争取时间,恐怕你现在早就已经葬身鱼腹了……"

　　看完这个故事,我们不禁会被杰克对琳达的深深的爱而感动,也为琳达对杰克的误解而感到遗憾。幸运的是,有一个船长目睹了事情的真相,否则,琳达岂不是要误会杰克一生?但在现实生活中,不会总是有这么一个明察秋毫的船长来为我们揭发真相,所以我们必须清楚地意识到:很多时候,眼睛看到的事情未必都是真的。要想知道真相,我们就必须去探究事情的细节,这样才能了解事情的真相。

　　通常,人们为了圆谎,都会在撒谎之前预先编造好情节,这样才能在别人询问的时候从容应对。当然,也不排除有很多人是临时决定撒谎的,这样一来,没有经过缜密的思维,漏洞就会更多了。无论是事先预谋好的，还是临时决定的，撒谎者都只能编造大概的情节，很难编造完美无瑕的细节。很多时候，只有亲身经历过的事情，人们才能说出翔实确定的细节。而撒谎者，因为是捏造的，所以根本不可能像亲身经历者那般对细节问题确凿无疑。

举个很简单的例子，一个丈夫可能会撒谎骗妻子说昨晚之所以没有回家是因为在加班，但是，当妻子问他和谁一起加班时，他往往很难回答，因为他没有真的加班，所以不敢随便说是和谁加班，以免妻子去核实。这时候，他往往会含糊其辞，顾左右而言他。这时候，妻子就要警惕了。反之，如果他没有撒谎，一定会毫不迟疑地告诉妻子自己是和谁一起加班的。这就是细节的绝妙之处，很难伪造。难怪人们常说，如果你撒了一个谎，就要撒很多谎来圆这个谎。

总而言之，为了得知真相，我们一定要展开细节提问，这样才能识破谎言。其实，很多人都不喜欢别人骗自己，不管是善意的谎言，还是恶意的谎言。所以，还是真诚以待为好。

提刺激性的问题，观察对方的反应与态度

在现代社会，各种类型的谈判层出不穷，但要想掌握谈判

的主动权,则需要我们了解对方的真实内心,只有知己知彼,才能百战不殆。而伪装的面孔往往带有迷惑性,这就需要我们借助一些技巧和方法来识破伪装,那些善于伪装的人可能会让你觉得他们毫无破绽,但我们可以主动出击,主动提刺激性的问题看看对方的反应:看对方的神色表情,如果他面不改色,那么,多半证明他所言非虚;而倘若他神色慌乱,那么则表明对方撒了谎。可见,用刺激性的问题让对方自乱阵脚,我们会节省很多精力。

下面来说说这样一个故事:

有一次,绍兴某乡绅张员外的小公子抢了别人家小孩的毽子,还把人家打哭了。

碰巧,徐文长路过时看到了这一幕,就把毽子从小公子手里夺过来,还给那孩子,谁知道这个小公子平日里是家里的小皇帝,哪里受过这样的气,一下子就哭闹起来,还说徐文长欺负他。随从们看到后,就将徐文长押上堂,请知府发落。

知府也不知道事情的原委,只得听二人在公堂上各自讲各自的理。

随从大声喝道:"你敢欺负张员外的孩子?"

知府一听,也附和道:"是啊,徐文长,你可知罪?"

徐文长笑着说:"据我看,张员外才是不知罪呢!"

张员外当然不高兴,大声问:"我何罪之有?"

徐文长说:"你家公子一早在踢这毽子,您想必知道这毽子上有羽毛,下面有铜钱,而铜钱上印的是嘉靖皇帝年号。小公子如今竟然手提毫毛,脚踢万岁,这岂不是欺君罔上?常言道:子不教,父之过,张员外又该当何罪呢?"

徐文长这招果然厉害,员外听后,立即吓得说不出话来,知府自然也听明白了事情的真相,不得不连忙笑道:"好吧,大家谁也不要为难谁了吧!"徐文长这才罢休。

这里,徐文长是怎么让张员外主动认罪的呢?他的这招就是"威胁",他针对张员外借题发挥的做法,借来了一个更大的题——脚踢万岁,放大"员外之子踢毽子"这件事的严重性,让张员外心中恐慌,以此来整治张员外,从而达到自己的目的。

运用刺激性问题来让对方"不打自招"的原理是:人们在受到刺激和威胁时,多半都不会心平气和,他们会暴露出自己内心的真实想法。

温斯顿·丘吉尔说过:"一个人绝对不可在遇到危险的威胁时,背过身去试图逃避。若是这样做,只会使危险加倍。"因此,归根到底,"刺激"并不是真正的目的,只是一种手段。"刺激"应包含下列含义:刺激的问题应该是能对对方起到作用的,而不是无关痛痒的;刺激的目的是让对方说真话。比如,如果还是不能彻底了解到对方的脾气,比如对方修养佳，或伪装很好，试探对方也是一个很好的方法。你可以提出一个非常偏激的观点，看对方的反应，如果他认同你的观点，那么基本可以确定他是趋炎附势的人，不喜欢与人争辩。如果他与你讨论，那说明他有自己的主见。

那么，具体来说，我们应该怎样掌握这一方法呢？

1.了解对方的弱点

你的问题能否起到作用，就要看这一问题能否真的刺激到对方，因此，我们最好要事先了解对方的弱点。

从反面说："我承认，这款手机价格不菲……"这样一激，对方肯定会被激起购买欲。

2.因人而用

我们在运用这一方法的时候，一定要先了解对方，因人而用。要对对方的心理承受能力有所了解，如果激而无效，那么也是白费力气。

3.掌握火候，语言不能"过"

如果说话平淡，就不能产生激励效果，如果言语过于尖刻，就会让对方反感。语言不能过急，也不能过缓。过急，欲速则不达；过缓，对方无动于衷，同样达不到目的。

总之，我们在与对方谈判之前，越了解他越好，即使不能够做到，也要在交谈之中逐渐形成对这个人的看法，然后再谈比较重要的事，也能够预料到他的态度，至少不至于让他误解或弄不明白你的意思，你的目的也能更容易达到。

提问后观察对方的反应速度，以此辨别真伪

在法官判案时，经常会采用这样的一种问话方式：当嫌疑人陈述了某些情况后，他会时不时地打断嫌疑人："你要注意，你所说的每一句话都将成为呈堂证供，都会产生法律效力。"而嫌疑人听到这句话时，就会显得不知所措，甚至紧张慌乱，最终在心理"折磨"下，他只好供认事实。其实，法官运用的就是这一技巧混淆了对方的视听，从而让其说出心底的声音和最真实的想法。

俗话说，"一心不能二用"，的确，我们不可能同时让注意力集中于几件事上。正是因为这点，日常生活中，与人打交道时，如果我们希望探测出对方的内心世界，从而有助于我们采取进一步的计划，我们可以通过提问法，在提出问题后，看对方的反应速度来判断其话语的真伪，在一阵慌乱中被我们攻破心理防线。因为对于那些撒谎的人来说，在他们被问及某些意料之外的问题时，我们会忙于编造新的谎言来圆之前的谎，因此，如果对方反应迟钝，那么，很可能表明他撒了谎。

我们再来看下面一个故事：

提问的技巧

有一对姓张的夫妇,他们已经结婚十年,早过了七年之痒之期。张先生是个体贴的男人,每年的结婚纪念日,他都会为妻子买一份礼物。但就在他们结婚的第十一个年头里,张太太明显发现张先生不大对劲,他加班的时间多了,出差的次数也多了,以女人的直觉,她心里很清楚,丈夫可能有外遇了。于是,她准备试探一番。

这天,张先生还是和往常一样,夜里十二点才回来,张太太和往常一样为酒醉的丈夫换衣梳洗。

"你今天是和老王一起喝酒的吗?什么事这么开心啊?"张太太故意问。

"是啊,老王升职了,他这么客气,非要请大家喝酒啊。"即使半醉的状态下,张先生还是很善于撒谎。

"是吗?可是我晚上八点多去逛超市的时候,明明看见老王和大姐也在呢。"张太太故意试探性地问。

"你不说我还忘跟你说了,老王的姐姐今天晚上刚好从国外回来了,这不得好好招待她,老王喝到半道儿就走了啊。"张先生说完这一番话后,深深地吸了一口气,而这一切,都被张太太看在了眼里。

"可是我今天晚上并没有看见老王,我逗你玩呢。"张太太说。

"你、你、你……"张先生急了,他知道,这下子不得不跟妻子"招供"了。

故事中的女主人公张太太是聪明的,她猜到丈夫可能会撒谎,于是,她事先设下圈套,让丈夫往里面跳,然后通过反复问一些突发的问题来查看丈夫的应变能力,当然,张先生也是聪明的,但他聪明反被聪明误,还是不打自招,最后不得不承认自己撒了谎。

其实,在生活中,随处可见人们利用这一方法。从他人语速语调的微妙变化中,我们可以勘察出他的心理变化,比如,一个平时说话不紧不慢、慢条斯理的人在面对他人的一些陈述后突然提高说话分贝,那么,很可能表明对方对他的评价是错误的、不实的,甚至是诽谤。如果一个人面对他人的批评和指责,半天说不出话来,然后低下头,那么,则表明这些指责是事实。如果平时一个语速很快的人突然减慢了自己的说话语速,那么,他一定是想强调什么,以引起他人的注意。对于语调,人们在兴奋、惊讶或感情激动时说话的语调就高,而在相反的情况下,语调则低。

当然,生活中,当我们在利用这一方法的时候,一定要注意:要深入地了解我们的交往对象,了解他们的性格,如果对方是个急性子并大大咧咧,你可以对其"愚弄"一番;而如果对方心思细腻的话,你就要慎用这一方法,以免因小失大,得罪他人!总之,只有事先了解,我们才方便做出轻松自如和正确的决策，在与人交涉的时候便能如鱼得水，从而达成我们的目的！

提重复的问题，看对方给出的答案是否统一

法官判案时，经常会采用这样的一种问话方式：当嫌疑人陈述了某些情况后，他会时不时地问嫌疑人："请你复述一下××晚上九点钟你在做什么。"如果嫌疑人在说谎，那么，法官会发现，他每次的答案虽然大同小异，但却都有细节上的不同，当法官问过很多次之后，他最后一次的答案可能和第一次回答的答案已经南辕北辙了。那为什么会这样呢？

因为，人们对于自己没有做过的事往往都会想方设法去圆谎，而要编造一个谎言，他就需要再去编造更多的谎言来弥补这个谎言的漏洞，于是，他每次编造的谎言都会有所不同。而人们对于真实的发生过的事，他们的印象是相同的，口供也是相同的。因此，"重复的问题看对方的回答是否统一"就是法官们经常用到的审问嫌疑人的方法之一。

而这种方法在生活中的运用也随处可见，比如，作为妻子，如果你发现丈夫最近的行为异常，你可以这样旁敲侧击地问他："对了，你刚刚说你昨天晚上和小刘他们打牌输了多少

钱？"如果丈夫昨晚真的是和小刘打牌，那么，既然他昨天晚上能回答出来，那么，现在也一定是记得输钱的数目的。而假如丈夫今天的回答的数目与昨天不同，那么，很明显，他昨天撒谎了。

我们再来看下面一个故事：

小齐是刚到公司的新员工，但似乎有点小偷小摸的毛病。

这天，当大家下班后，小齐还想在办公室上一会儿网。正巧，他看见了主任办公室的门还开着，好奇心使他悄悄地进去看了一下。巧的是，办公桌的抽屉也没有上锁，里面放着厚厚的一叠钱。面对金钱的诱惑，小齐最终还是没能抵挡得住，于是，他顺手牵羊，拿走了几张百元大钞。并且，他很有自信地认为，没有人会发现。

但实际情况并不是如此，第二天一大早，主任就在办公室嚷嚷起来了："你们谁偷了我办公室的钱？办公室怎么还有这样偷偷摸摸的人啊……"但没有一人承认，其实，主任也听说小齐的手脚不太干净，但没有证据，也不能说明什么。这时候，主任的秘书小王想出了一个招儿，能看出钱到底是不是小齐偷的。

下班后，小王看见小齐要离开公司，赶紧追上去问："今天下班去干什么呀？不回家陪女朋友？"小王故意试探性地问。

"她在老家呢，不需要我陪。"

"哦，对了，刘主任的钱被偷了，你知道吧，也不知道谁干的，每个人好像都有不在场的证据，我昨天和刘主任一起出的门，周大姐也说跟你一起下班的，真不知道是谁干的。"小王在说这些话的时候，偷偷看了一下小齐的反应，果然，小齐很慌张地接过话茬："是啊，周大姐还跟我一起去喝了杯东西呢。"

"嗯，周大姐也说是你请她喝了一杯柠檬水呢。……"小王就和小齐这么聊着聊着一起离开了公司。

后来，快分开的时候，小王突然问："小齐，昨天你和周大姐喝的什么呀？"

"苹果汁啊，我最爱这个了。"小齐随口一答，说完，他才知道自己说错了。

秘书小王让偷钱人小齐不打自招的秘诀在于：他编造出了周大姐这个中间人，故意为小齐制造出一个不在场的证据，而当小齐对自己放松警惕时，他再问这个问题时，小齐却回答错了。为什么会这样呢？因为小齐在圆谎时，根本没注意到一个细节问题——这杯饮料到底是什么？而这一点，正是小王设下的一个圈套，当小王再提到这个问题时，他的第一反应是回答出了自己最爱喝的饮料，而很明显，他是不打自招，最终也只好承认偷钱的事实。

可见，当我们不知对手虚实的情况下，可以"使用"重复问某一问题的方法来投石问路。但使用这一技巧时，我们需要注意以下两个方面：

第一，所问的问题必须是细节性的、对方不曾留意的。就如故事中的秘书小王一样，问对方始料未及和不曾留意的问题，对方才越有可能露出破绽。

第二，对方前后几次的回答出入越大，越表明对方话语的真实性不高。有时候，对方前后几次回答的话中含义是同样的，但这也有可能是对方事先为了圆谎编造好的，此时，我们就要看他的几次回答的出入，因为人们亲身经历过的事情，描述时基本上都会以同样的语气、词汇，否则，则会尽量想当然地编造语言。

可见，我们要想看透他人是否说的是真话，就要懂得主动出击，然后引导对方多暴露自己，最终把握好时机看出对方的真心！

第 6 章

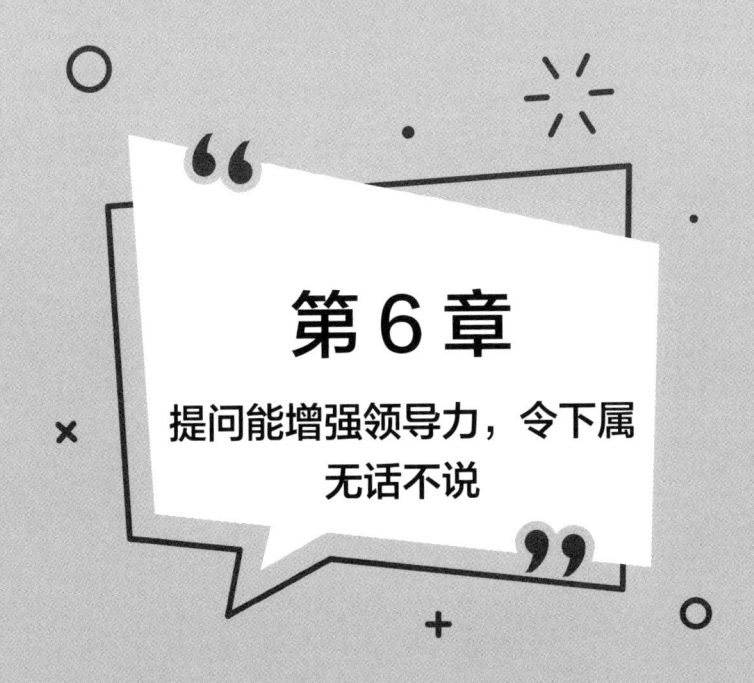

提问能增强领导力，令下属无话不说

领导在与下属的沟通过程中，为了有效地促进交流的顺利进行，势必会经过提问这一环节，提问也是讲究技巧的，沟通是两个人的互动，也就是彼此交换想法和意见，共同体验谈话带来的愉悦感。那么，如何才能恰到好处地提问，令下属向你倾诉真心呢？带着这一问题，我们来看看本章的内容。

提问的技巧

领导者提出的问题要具体，下属才容易回答

在企业的管理工作中，作为领导者，与下属沟通，是必备的工作内容之一，而领导者要想更清楚地了解下属以及下属的情况，询问更是必不可少。而向下属提问，第一要求就是翔实具体，只有这样，下属才能有针对性地回答，而不至于丈二和尚摸不着头脑。

大多数的记者都善于提问，而且，他们很清楚自己的目的是什么，一位记者讲述了自己提问的一次经历："有一次，我采访一些到日本打工的农民，我猜想下面的观众一定想知道他们在日本工作和生活的情况。这一类的问题是一定要问的，但是，如果我这样问'你在日本怎么样？'那么，采访者可能不知道该如何回答，于是，我换了一个比较具体的问题'你在日本有没有最难忘的事情，给我们讲讲好吗？'如此一来，对方只需要讲一两件事情，我们就能基本了解他在日本工作和生活的情况。"从记者的经历，我们不难看出，当提问变得越具体的时候，对方就越容易回答，同时，我们更容易掌握沟通的主动权。

然而，在现实的指导工作中，一些领导者为了展现自己说话的高深，提问总是模棱两可，泛泛而谈，让下属搞不清楚方向。

三个月前，小凌通过层层选拔，进入了现在这家公司，但三个月了，他依然很不适应。一次，在和同事闲谈中，他抱怨一份报告写了三次了，领导还是说不合格，他说："刚进公司，要学的事已经够多了，时间都不够用，偏偏报告要一遍遍地改，每一次讲得都不一样，都不知道要怎么写才好？"

"老板是怎么说的？"同事问。

小凌说，第一次老板告诉他，"能把每天的业务电话记下来吧？"所以他就记下所有的电话和内容，结果老板说："可不可以不这么详细？浪费时间，只要记下有成交结果的电话就好了。"所以他就记录下成交的结果，后来老板又说："能别这么简单吗？你不能只写结果，还是要把互动的内容记录下来。"

案例中的老板和员工可以说是在彼此乱弹琴，一个说不清楚，一个听不清楚，时间就浪费了，再加上情绪的波动，或许会增加更多的负面效应，所以明确地提问，在职场领导中是非常重要的一个技巧。

在日常工作中，比如，需要询问下属"你喜欢去什么样的国家旅行"，这个问题肯定比不上"你在旅行时被骗过钱吗？"而"你喜欢什么样的工作"肯定比不上"你喜欢会计这份工作吗？"领导在向下属提问的时候，所问的问题要具体，太空泛了很容易令对方感到无从回答，一旦造成这样的情况，交流就会受阻碍。其实，换个角度，将问题问得更具体，实际上也是为自己留"后路"，你可以通过提问来引起一个话题，而这个话题恰好是你能够掌控的，无形之中，你就暗暗掌握了话题的主控权。但是，在这样一个沟通过程中，对方却没有觉得有任何不快之感，这才是提问的高明之处。

冯玉祥将军统领西北军的时候，部队里有一名外国军事专家，此人很喜欢向冯玉祥问询一些军事秘密，对此，冯玉祥十分反感。

有一天，他终于忍不住向外国军事专家提问："你知道中国'顾问'二字是什么意思吗？"

外国军事专家一头雾水，回答说："不知道。"

冯玉祥将军解释说："'顾'者看也；'问'者问话也。'顾问'者，我看着你，有话问你时，才请你答复。"这下外国军事专家才听出了冯玉祥将军话里的意思，顿觉有点不好意思。

冯玉祥的问题十分具体："你知道中国'顾问'二字是什么意思吗？"不绕圈子，直接提出问题，可以将话题引到自己想说的话题中，而他提问的目的就是要引出对方回答"不知道"，然后再顺势说出自己想表达的意思，对其进行教导。这其实也是冯玉祥提问的高明之处，如果从一开始，冯玉祥将军就说出了自己的意图，相信那位外国军事专家一定是不乐意接受教育的。

因此，我们在向他人提问的时候，千万不要太过彻底，以免暴露出自己的真实意图，从而影响沟通的正常进行。

具体来说，领导者向下属提问时，需要明确几点：

1.具体的提问，能让领导者引领话题

如果你向下属提出"你喜欢什么样的工作"，由于话题本身的笼统性，下属有可能会给出你意想不到的答案，比如"我喜欢做自由职业者""我不太喜欢现在这份工作"，如此一来，势必会造成沟通的尴尬。这样的提问，领导者无疑是自讨苦吃。或者下属给予一些模糊的答案"我不知道""都很不错啊"，如此敷衍的答案也没法让你清楚地判断下属心里到底在想什么。所以，向下属提问，问题越具体，领导者就越容易掌握话题的走向。

2.提问能活跃沟通氛围

在沟通一开始，领导可以以提问制造出双方都想谈话的气氛，引导下属走入自己所谈论的话题中，这时，下属会有一种终于找到了了解自己的人，以为自己碰到了职场知己，而他也感觉到与你谈话是轻松的。

3.提出的问题要让下属易于回答

有的问题太泛泛而谈,让人难以回答;有的问题太笼统了,答案并没有在自己掌控范围之内,那么如何提出让对方更省力的具体问题呢?在现实工作中,领导者可以尝试这样的发问方式:"先问两三个像是非题或选择题的具体问题,把下属有兴趣聊的范围给搜索出来,再用申论题往下问"。

总之,领导向下属所提出的每一个问题,都要具体集中,不能含糊不清,不能太宽泛。如果所问的问题太宽泛,会导致对方不知道该从何处回答,而且,还有可能造成你的问题变得无趣,从而导致话题直接走入死胡同。

领导者所提的问题应该有分寸,因人制宜

俗话说:"到什么山头,唱什么歌。"提问也是一样,对不同的人,应该问不同的话。如果遇到喜欢钻研股票的朋友,你可以这样提问:"最近股票怎么样?"若是遇到一个医生客户,你可以问:"近来病毒性感冒好像又开始流行了,你们肯定很忙吧?"遇到卖电器的老板,你可以询问:"哪种牌子的油烟机最实用?"的确,我们完全可以通过提问来打开交谈之门,不过,我们也需要掌握问题的分寸,最好是问对方所知道

的问题或最内行的问题。

领导在与下属沟通的时候，善于提问更是很有必要的。一个好的问题可以引发出一个愉快的话题，而一个愉快的话题可以促进此次沟通的成功。当然，提出的问题应该尽量具体，做到有的放矢，切不可漫无边际、泛泛而谈，面对不同的谈话对象需要提出不同的问题，这样，自己才能从中获取想要的答案。

提问是开启交流对象的钥匙，但是，这并不代表领导者可以随意提问，凡事都有一定的限度，提问也是一样。作为领导者，你所提的问题应该有分寸，因人制宜，分清状况，有时候，对方有可能是一个很健谈的人，如果你只是泛泛而问"今天过得怎么样"，他可能就会从早餐开始一直谈到今天的天气、交通状况等，如此漫无边际的谈话，你既不会从中得到自己需要的信息，也不会感到愉快，只会感到相当烦躁。

有时候，即使是同一个问题，往往也会因人而异，毕竟，人们会从不同角度、多侧面地去思考。因此，作为领导，提问的时候，需要"因人而异"，面对不同的下属，给予不同的提问，这样，我们才能获得一些有价值的信息。有人说："只要你掌握了一定的问题尺度，即使你没有各种专长，也足以应付各种各样的人。因为如果不能回答对方，你可以一直提问。"通常情况下，沟通的开始其实就是从提问开始的。

提问的技巧

两千多年前，孔子的学生仲有问："听到了，就可以去干吗？"

孔子回答："不能。"

这时，另一个学生冉求也问了同样的问题："听到了，就可以去干吗？"

孔子回答说："那当然，去干吧！"

公西华听了，对于老师孔子的回答感到很疑惑，就询问孔子："这两个人问题相同，而你的回答却相反，我有点儿糊涂，想来请教。"

孔子回答："求也退，故进之；由也兼人，故退之。"

孔子的意思就是，冉求平时做事喜欢退缩，所以我要给他壮壮胆；仲有好胜，胆大勇为，所以我要劝阻他，做事你要三思而后行。孔子诲人也不是千篇一律，更何况是说话呢？我们在面对不同的说话对象，需要看准人下"话药"，时而强势，时而退避三舍，只有这样才能达到游说的目的。

小米是一家房地产公司总裁的公关助理，最近，她需要聘请一位特别著名的园林设计师为本公司的一个大型园林项目担任设计顾问。但这位设计师已退休在家多年，且此人性情清高孤傲，一般人很难请得动他。

为了博得老设计师的欢心，小米在正式拜访之前做了一番调查，她了解到老设计师平时喜欢作画，便花了几天时间读了几本中国美术方面的书籍。这天，她来到老设计师家中，刚开始，老设计师对她态度很冷淡，小米就装作不经意地发现老设计师的画案上放着一幅刚画完的国画，小米边欣赏边询问："老先生，您是学清代山水名家石涛的风格吧？"这样，就进一步激发了老设计师的谈话兴趣。果然，老设计师的态度转变了，话也多了起来。

在日常交际中，有的问题是我们需要避免提问的，因为它没有分寸，有失礼仪，自然也不能引起对方的兴趣，甚至，还有可能因此而得罪了对方。在这点上，领导者要记住，提问要因人而异，看清状况再提问，这样，胜算会比较大一点。

的确，身处职场，管理下属，我们不仅要从大局着眼，还要心思细腻，善于提问。具体来说，要求我们做到：培养自己的观察力，看透下属的性格。

工作中，我们向下属提问，要具备一定的洞察力，一步到位看清对方的性格，比如，从难以伪装的习惯动作看出对方的心态，从被忽略的生活点滴推出对方的性格，这才能在最短的时间内，掌握下属的个性特征、知识和能力水平等，进而提出合适的问题。

现实生活中，有些人内心方正，有些人内心圆滑；有些人对外方正，有些人对外圆滑。从这个角度考察，人物呈现四种形态：内方外方，内方外圆，内圆外圆，内圆外方。和不同形

提问的技巧

态的人交往，要用不同的交际之道。若对方性格直爽，便可以单刀直入；若对方性格迟缓，则要"慢工出细活"；若对方生性多疑，切忌处处表白，应该不动声色，使其疑惑自消。

当然，在管理工作中，我们也不能戴"有色眼镜"看人，一个人的内心，只有他们自己最清楚，我们不需要妄加评论。

巧妙铺垫与引导，提问才不会生硬和突兀

我们都知道，提问是社会交际中常见的一种活动，如何使沟通按照自己计划的进程发展，使对方说出自己想要得到的回答，这将取决于人们提问技巧的高低，对此，提问的一个重要作用就是让对方为自己解疑释难。有时候，为了能够详细地了解对方的真实情况，我们需要先提问简单的问题，以此做好铺垫之后，再增加问题的难度，触及到问题的实质，从而达到自己的最终目的。这样的提问方式，也就是"逐层递进、由浅入深"。

下面是一位保险销售人员和客户之间的对话：

客户："上次那个销售人员叫我附加个什么医疗保险，说一天可以领多少多少，结果还领不到1/3，那都是骗人的！"

销售人员："请问您是不是有劳保？"

客户:"有啊!"

销售人员:"那么当初那个推销员有没有告诉您,必须先扣除劳保支出的部分,再实支实付?"

客户:"这个……"

销售人员:"我想可能是他忘记讲了或是解说得不够详细。其实,保险是不会骗人的,只不过有很多契约条款我们都没有注意到。就好比说,骨折时我们都喜欢找中医贴膏药而不愿看西医上石膏,但万一所找的不是有中医师执照的,往往得不偿失。"

客户:"原来是这样啊!"

销售人员:"这些在契约条款上都有明文记载,同时也具有法律约束力,只要合乎规定,保险公司一定会依法行事的!"

在这则案例中,这位销售人员就是机智的,在明白客户疑虑的症结之后,他并没有直接为自己的销售工作辩解,而是先在客户现有认知的基础上,提出一个疑问,然后让客户主动承认是误会,从而重新接纳了他。可见,这位销售员在处理这类问题上是很独到的。

同样,在企业管理中,领导者在与下属的沟通过程中,在需要提问的情况下,也应该运用铺垫的方式,简单地说,提问需要逐层递进,才不会显得突兀。一个好的问题提出来,不仅有助于下属对问题的理解,而且,也可以充分调动下属的积极

提问的技巧

性思维，活跃谈话气氛，让下属积极地参与到话题中去。

不过，在现实工作中，我们常常发现领导在提出一个问题后，下属可能会目瞪口呆，一时回答不上来，其实，这并不是下属没有能力回答，或者说下属笨，而有可能是领导提出的问题与答案之间思维跨度太大，或者缺乏一定的关联性，作为下属一时间无法将其联系起来，回答不上来也就不足为奇了。所以，领导在与下属沟通的时候，一定要学会提问，在提问之前要有所铺垫，注意思维的连贯性，注意引导，为下属设置好台阶，这样，下属才容易回答你的问题。

俄国十月革命后，成千上万的农民涌入莫斯科，他们心怀对沙皇刻骨铭心的仇恨，所以对于沙皇曾经住过的房子，他们想一把火烧了，对此，官员多次劝说农民，但是，都没有取得实质性的效果。

最后，列宁决定亲自与那些农民谈谈，列宁首先问农民们："沙皇的房子是谁用血汗造的？"

农民回答："是我们。"

列宁开始增加问题高度："我们自己造的房子，不让沙皇住，让我们农民代表住，好不好？"

农民齐声回答："好。"

列宁反问道："那还要不要烧掉呀？"

当然，最后的结果是列宁成功地说服了农民们，阻止了他们冲动的行为。其实，在任何一次正式沟通之前，作为领导者，在自己心中都要有一个谈话的目的，同时，应该围绕谈话目的来把握自己的方向。

在日常工作中，上下级之间的沟通是必不可少的，而让下属说得越多，领导了解下属真实心理的机会就越多，而当领导完全了解了下属的所思所想，方能为己所用。如何让下属说得更多，那就是善于提问。

一位主持人回忆了自己的一次采访经历："在一次采访中，我们要通过散装水泥谈到节约型社会，如果一上来就大谈如何建设资源节约型社会，就会感觉很空洞，观众也不会喜欢，因此，我们就先从解释散装水泥说起，最后升华到提倡资源节约型社会，这样就很自然地达到了目的。"所以，在日常工作中，领导提问要善于掌握谈话的真正目的，提问方式须由浅入深，由表及里，如此一来，才能够获取自己想要的信息。

1.由表及里

在对某个大的问题进行提问时，领导不要一开始就问到问题的实质，可以先从问题的表面下手，先询问下属几个简单的问题，做一番铺垫后，再问及问题的实质，这样，会显得你的提问不那么突兀，自然，下属也就容易回答了，整个谈话也能更顺利地进行了。

2.由浅到深

在正式提问的时候,需要做到由浅入深,任何谈话在最初谈话时都会从一个很浅显、很小的点开始,一点点地深入,比如,许多主持人在采访名人的时候,有可能第一句话只是:"你最近在忙些什么?"从最容易回答的、轻松的提问引入,再聊到其他的关于工作和情感上的话题,名人都会乐于回答,但从来没有一个主持人开门见山就会问:"听说你的公司最近亏损了,到底是怎么一回事,能给我们说说吗?"这样的提问对采访者显得不够尊重,另外,对于这样过于直白的提问,观众也不能接受。其实,领导者在与下属谈话的过程中,恰恰可以借鉴这一提问方式。

先倾听下属说什么,再适时提问引导话题

前面,我们已经分析过提问对于领导者与下属沟通的重要性,然而,提问也不是随心所欲地问,作为领导者,在提问之前,只有耐心倾听,才有可能了解下属心中所想,才有可能对症下药地"问"。

北大光华管理学院的教授说过这样一句话:"倾听,是一种平等而开放的交流。"从心理学的角度看,人与人之间的

语言交流，如果只是流于表面，是毫无意义的，每个人都有倾诉的心理要求，如果我们能满足对方的这一心理要求，在沟通前多倾听，那么，就掌握了高效沟通。倾听这个看似小小的细节问题，却能体现我们的情商如何，从事管理的领导者也是如此，领导者若希望能够和下属高效沟通，就要从倾听开始。

然而，很多领导在自己潜意识里都有一种优越感，因为自己地位比别人高，年龄也比别人大，就觉得自己比别人有经验，比别人懂得多，所以，在日常工作中，他们拒绝倾听任何人的意见。当然，我们也不否认，领导在见识、眼光、韬略上自有他的过人之处，高于常人。但在某些时候，你的一些观点、想法明明是错误的，但是自认为资历很高，拒绝听取他人的意见，这样，往往会铸成大错。

我们再来看看下面一则寓言故事：

从前，有一位潜心布道的神父。

这天，按照原定的布道计划，他来到一处村庄，走进村庄的教堂为村里人祈祷，但此时下起了大雨，几个小时后，整个村庄已经被水淹没，包括神父所在的教堂。

他发现，洪水已经淹没了他的膝盖。

很快，警察来了，并且告知他必须赶紧离开教堂，不然会有生命危险，但神父却固执地说："不，我不走！我坚信仁慈的上帝一定会来救我的，你先去救别人吧！"

过了一会儿，水越来越深了，已经淹没了神父的腰部，神父只好站在椅子上继续祈祷，这时，有几个救生员划着船在教堂外大喊："神父，赶快过来，我们救你走！"

然而，神父还是执着地说道："不，我要坚守着我的教堂，相信慈悲的上帝一定会将我从洪水之中救出去的。你赶快先去救别人吧。"

又过了半个小时，整个教堂完全被洪水淹没了，神父只好爬上十字架，在滚滚的洪水中坚持着。

这时候，教堂上方出现了一架直升机，飞行员丢下悬梯，大喊道："神父，快上来吧，这是最后的机会了，我们可不愿意看到你被洪水冲走！"神父依然意志坚定地说："不，我要守住我的教堂！上帝绝对会来救我的。你去救其他人吧。上帝会永远与我同在！"

固执的神父最终也没有摆脱被滚滚洪水冲走的命运……

死后的神父还是有幸到了天堂，他质问上帝，为什么不来救他？上帝回答道："我怎么不肯救你了？你忘记了？第一次，我派人劝你离开那危险的地方，可是你却坚决不肯；第二次，我派了一只救生艇去救你，但你还是一意孤行不肯离开；第三次，我以对待国宾的礼仪待你，又派了一架直升飞机去救你，结果你还是不愿意接受我的救助。是你自己太固执了，总是不肯接受别人的救助，我在想，你是不是太想见到我了，那么，我就成全你吧。"神父顿时哑口无言。

听完这个故事，我们不免觉得有点可笑，这位神父是迂腐的，但其实在他的内心，也有自己的理由，他认为自己是与众不同的，上帝最终会来拯救他。然而最终他只能被淹没在洪水之中。

周先生是一位小型杂志社的社长，他不管在什么场合都喜欢装腔作势，有时候甚至故意地降低自己的声调来表现庄重的样子。平日的时候，他总是到处吹嘘自己无所不知，这种姿态让人觉得他好像在做自我宣传。许多下属发现他说错了话，会小心地指出其错误，可周先生从来不听，也不愿意接受，他固执地坚持自己的想法。

在杂志社的每次例行会议上，他都故意装腔作势，夹着很多的暗示性话语或英语来发表高见，但是他还是得不到别人的认同。他所出版的刊物，总是被人批评为现学现卖、肤浅的杂学之流，这是因为他对任何事都喜欢进行评判。当他一开口说话，下面的员工就说："天啊！他又要开始了。"然后便十分痛苦地忍着，听他大放厥词。

本来周先生什么都不知道，却硬是装出一副什么都知道的样子，当然会被人看作是虚张声势的伪君子。更要命的是，这样一个不懂装懂的人，却拒绝倾听下属的意见。事实证明，那些拒绝倾听的领导，他们自身并不具备好口才。

当然，倾听并不是想象的那么简单，管理者不仅仅要求我们用耳朵去听，更要用心去揣摩。那么，在倾听过程中，我们应该注意哪些问题呢？

1.表现出耐心

有时候，下属的谈话在通常情况下都是与心情有关的事情，可能会比较零散或混乱。这时要有耐心听完下属的话，如果你自以为是地去理解，去提出意见，就会产生不好的效果。

2.引导性提问

在倾听的过程中，可以通过引导性提问，让下属继续说你需要了解的部分。比如，"后来发生什么事情了？""为什么会出现这样的情况呢？"

3.不要随意打断下属的谈话

下属的诉说是一个自然过渡的状态，因此，在倾听时不要随意打断下属的谈话，也不要借机把谈话主题引到自己的事情上，随意加入自己的观点作评论等，这都是不尊重下属的表现。

4.不要胡乱猜测或者争着抢答

面对下属正在诉说的事情，领导者不要胡乱猜测或者争着抢答，这样只会打乱下属的思路，不利于他继续说下去，应该让下属自然过渡到你需要了解的部分。

有时候，最有价值、口才最好的人，不一定就是最能说的人。上帝赋予我们两只耳朵一个嘴巴,本来就是让我们"少说多听"。善于倾听,是一个卓越的领导应具备的最基本的素质。作为领导,要想处理好与下属之间的关系,练就一口好口才,很大程度上在于自己能够保持一种倾听和沉默的态度。有时候,话太多并不是一件好事,而沉默恰恰往往更有效果。

适时提开放式或封闭式的问题,达成沟通目的

作为领导者,与下属沟通,都希望能够获得好的沟通效果,通常情况下,就会用到开放式的提问、封闭式的提问,但这两者却是大不相同的。

开放式提问是指比较概括、广泛、范围比较大的问题,这样的提问对回答的内容限制并不严格,给予了对方以充分自由的发挥余地,这样的提问是比较宽松、不唐突,显得非常得体的。其特点就是经常会用在访谈的开始,可以在短时间内缩短双方的心理距离、感情距离,不过,由于话题太松散和自由,难以挖掘有用的信息。

在一些面试场合,开放式提问也会被运用到,比如,当应聘者来到公司后面试官会问这样一些比较宽泛的问题,希望从面试者的回答中听出端倪,以此来判断这个人是否适合该岗

位。比如，他们会问"以往工作你的职责是什么""你能为我们公司带来什么""你为什么来应聘这份工作""你对加班有什么看法"，等等，这样提问的目的是想弄清楚对方对某些事情的真实看法，以此作为判断这个人是否适合该岗位的依据。

与开放式提问相对应的就是封闭式提问，封闭式提问是指答案具有唯一性、范围比较小的问题，对回答的内容有一定的限制。在提问时，提问者会给被提问者一个框架，让其在可选的几个答案中进行选择，这样的提问能够让回答者按照指定的思路去回答问题，不至于跑题。虽然，开放式提问与封闭式提问各不相同，但并不意味着领导提问更倾向于谁，而是要看哪种提问方式更适合，从而选择该提问方式。

早上，小王刚到公司，就有人通知他去王经理的办公室。小王还没来得及擦干额头上沁出的汗水，就急匆匆地赶去了。

到了办公室，发现王经理正在慢悠悠地喝水，王经理吩咐："才到办公室，先坐下歇歇吧。"小王坐下了，王经理问道："你今天有时间吗？"小王想了想昨天剩下来的工作，或许自己上午就能处理完，就点头回答说："有。"王经理笑着说："很好。"说着，拿出了一大叠文件，对小王说："这里是上个季度的报表，希望你能尽快整理出来，我相信，你肯定会乐意帮我这个忙的，是吧？"小王哑口无言，可这明明是经理职责所在的工作，但每次经理都能以如此特别的"提问"

令自己毫无招架之力。小王能怎么说呢，直接说"不愿意帮忙"，这可会得罪领导，那只好哑巴吃黄连，答应下来了。

在王经理与小王的交流过程中，王经理只是提了两个问题"你今天有时间吗？""我想你肯定会乐意帮我这个忙，是吧？"前一个问题的答案无非就是两个，"有"或是"没有"，通常领导在问这类问题的时候，大多数的下属都会回答"有时间"。后一个问题更封闭，针对下属的身份，似乎这个问题的答案只有一个，那就是"乐意帮忙"。封闭式的提问会引导对方朝着自己的思路思考，并回答出自己所能预测到的答案，这对于上级驾驭下属是一个很有效的途径。

开放式提问与封闭式提问是相对的，封闭式提问限制了对方的答案，或者说，对方只能在有限的答案中进行选择。比如"你是不是觉得和大公司合作比较可靠""你今天有时间吗""我能否留下产品的相关资料呢"，等等。对于这些问题，对方只能回答说"是"或"不是"，"对"或"错"，"有"或者"没有"等有限的答案，这样，作为提问者，就可以占据沟通中的主动位置。

第 7 章

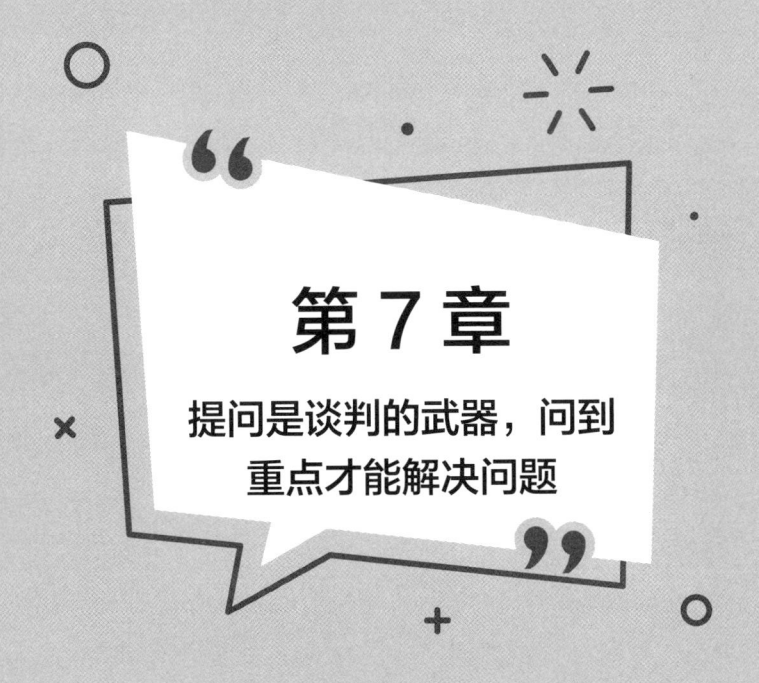

提问是谈判的武器，问到重点才能解决问题

谈判作为一种沟通思想、缓解矛盾、维持和创造社会平衡的手段，其存在正在变得越来越普遍，作用越来越大。无论是国家大事、外交事务，还是一般的商务活动，都免不了要进行谈判。谈判其实也是一种说服他人的活动，是通过各种方法说服谈判对手接受我们提出的条件从而达成一致意见的过程。在谈判过程中，要想拿到主动权，我们可以运用提问的艺术，通过提问，我们能了解对手的真实心理，也能化解谈判中的矛盾，更能推动谈判进程，进而让谈判进程朝着有利于自己的方向发展！

提问的技巧

谈判时先抛出一个问题，逐步引导套出对方实话

我们都知道，警察在审判犯人的时候也是这样，一般在审判犯人的时候，警察不会先说，也不会多说，而是先抛出一个问题，让犯人多说，这样就能够将犯罪嫌疑人的心理防线一点点击溃。俗话说，言多必失，如果你总是滔滔不绝地表达自己的观点，那么别人很快就能够洞察到你的心理活动，从而牵引着你向前走。相反，让对方来回答问题，我们就能轻松掌握主动权。

办公用品推销员黄某已经是第三次给他的客户打电话了，可是，每次客户都是以同样一个理由："我没时间！"匆匆地挂断了电话。经过了很长一段时间的"钻研"，黄某已经掌握了一套可以巧妙问出客户什么时候有空闲的策略，所以，这次，他很有信心能为自己赢取一个机会……

和以往不一样的是，黄某这次是这样开头的："您最近都在忙什么呢？"

"也没忙什么，从周一到周五还是和以前一样，每天忙那些琐事，但最近周末我会带着儿子去游乐场玩玩。因为我的妻子提醒了我，我陪儿子的时间太少了。以前觉得去游乐场

是小孩子的玩意，现在看着那些可爱的孩子，我也觉得好像回到了童年。"客户说这些话时虽然尽量保持语调的平静，不过黄某凭借多年的经验已经从客户的话语中听出了些许的兴奋与开心。黄某心想："从这里，我可以继续探寻客户最近什么时候有时间了。"于是，他继续引导客户："您可真是一位好父亲，您是陪儿子一起玩还是就在一旁看着呢？"

"我哪儿还有那体力，他自己玩，我就看着而已。不过我觉得最近一段时间我变得特别有活力，就好像自己又年轻了几十岁似的……"客户已经开始笑着回答了。

"我看这样可不行，家长和孩子之间沟通感情的最好方法就是陪他一同感受那种玩与学习上的快乐，您说是吗？"

"是啊，你说得对，可是我平时太忙了，也没时间教他。到周末了，我才能闲下来，好好休息一下。"

"那明天您不准备好好辅导他的功课吗？"

"你倒提醒了我，一般来说，他的功课都是他妈妈辅导的，这周我来辅导吧，我总该偶尔充当一下父亲的角色吧。"

"您可真是个好父亲，孩子在这样的家庭里长大才会更幸福……"

最后，在双方一阵又一阵的大笑声当中，客户诚恳地说道："很感谢今天你能花这么多时间听我说这些。"听到客户这样说，黄某忙说："不，听您说这些，我自己也感觉特别开

提问的技巧

心,您也为我以后怎么教育孩子上了一课呢!"接着客户又笑着说:"谢谢你能这么说",然后又听到客户话锋一转说:"对了,你把你们公司的产品资料先传真过来一份吧,最近找个时间我们面谈一下合作的事情……"

听到客户这么说,黄某立即说:"要不,您看这样行不,您看是周六还是周末晚上吧,我也想见见您那可爱的儿子,平时可能会打扰他的学习和休息……"

"好的,到时候一定欢迎您!"

从这一案例中,我们可以发现,销售员黄某很善于巧妙询问客户。他在经过几次失败的电话访问之后,开始一改之前的访问方式,在电话拨通之后,他并没有从产品开始入手,而是以很平常的语气询问客户最近的状况,以问话的方式开头,就给了客户说下去的欲望。然后,聪明的黄某在得知客户很疼爱自己的儿子之后,就从家庭教育这方面入手,继续询问客户,巧妙地问出了客户周末的时间安排情况。在全面打消了客户的戒备并得到了客户主动提出约见之后,他为了防止客户变卦,利用了选择式问话的方式,最终将约见时间敲定。

那么,在谈判中,我们该怎样运用提问法洞察对方的真实心理进而引导谈判进程呢?

1.思路灵活,了解对方的意图

聪明人跟别人讲话的时候,都会不急不缓地表达自己的观点，看似漫不经心，实际上心里都跟明镜似的，因为他一边说话一边在观察你。他们在面对问题的时候不会过于急躁，而是会慢慢地观察对方，从对方的话语中听出对方的真实意图。所以，在谈判中，要多观察对方、了解对方的真实想法，对于你达到自己的最终目的是非常有利的。

2.试探式提问，准确核实

在大致了解了对方的意图后，如果你把握不准，此时依然可以运用提问法进行核实。比如："听说您最近很忙，要出国考察两个星期，没时间接受任何访问，是吗？"一般来说，这类问话对方都是会主动回答的。因为这类提问是从反面试探的，并不会引起对方的负面情绪，而我们得到的信息是：这两个星期过后，客户就应该可以访问了。

当然，对谈判对手进行询问，进而洞察其真实心理，还有很多方法，需要我们在具体的沟通中进行巧妙运用，灵活处理！

谈判中遇到刁难时，巧把问题重新"踢"给对方

我们在参加某些重大谈判的活动中，双方为了达到自己的目的，往往都会使出浑身解数、想尽办法。有时，我们会遇到

提问的技巧

谈判对手对我们百般刁难，肆意制造出各种难题来向我们施加压力，意在置我们于谈判弱势地位，从而让我们接受其提出的条件。其实，这个时候，我们完全有办法可以"以其人之道，还治其人之身"，即所谓的"踢皮球法"，把问题重新"踢"给对方。当然，这需要我们巧妙运用语言的艺术。

美苏关于限制战略武器的四个协定刚刚签署，基辛格就在莫斯科一家旅馆里，向随行的美国记者团介绍这方面会谈的情况了。当时已经是5月27日凌晨1点，但是他毫无倦意。

"生产导弹的速度每年大约二百五十枚，"基辛格微笑地透露道，"先生们，如果在这里把我当间谍抓起来，我们知道该怪谁啊。"

敏捷的记者们于是接过话头，开始探问美国的秘密。

"我们的情况呢？我们有多少潜艇导弹在配置分导式弹头？有多少民兵导弹在配置分导式多弹头？"一位记者问道。

基辛格耸耸肩："我不确切知道正在配置分导式多弹头的民兵导弹有多少，至于潜艇，我的苦处是，数目我是知道的，但我不知道是不是保密的。"

记者说："不是保密的。"

基辛格反问道："不是保密的吗？那你说是多少呢？"

记者傻了，只好"嘿嘿"一笑，不再追问下去了。

基辛格用一句反问——"不是保密的吗？那你说是多少

呢？"立即让刁钻的记者闭上了嘴巴。

有时候，当对方提出一些涉及秘密的话题时，我们可以先顺着话题提出一些条件性的问题，诱导对方落入圈套，再提出反驳的问句，最终，他也会否定自己的问题。面对别人所提出的敏感话题，也可以选择巧妙闪避，绕开实质性的话题，这样，我们就能轻松地避开那些敏感或者是不想回答的问题。

的确，我们发现，那些谈判高手，不管在何种场合，遇到什么样的对手，他们都能唇枪舌剑，以超人的智慧，应酬自如，无论对手使出什么样的招数，他们都能巧妙应对，这是因为他们总是能洞察对手的心机，即使对方采取恶意的攻击，他们也能及时采取各种语言策略加以反击，而"踢皮球"法就是他们常用的手法之一。

因此，在各种谈判中，我们若想让对手屈服，也可以学习这一心理策略，但要巧妙地将这一语言策略加以运用，同样考验你的语言智慧，对此，你需要做到：

1.保持警惕，能够察觉出对方的攻击意味

这里，需要明白的是，假如一个人只知道怎么开枪，但不知如何瞄准猎物，那么，他永远不可能捕到猎物，谈判过程中也是如此，在反击之前，一定先要把对方的话语听明白，以便把握目标，瞄准靶子再放箭。这样才能既不滥杀无辜，也不放过小人。

这种应变对策还贵在谈判者预先发现谈判对手的攻击倾向，这就要求谈判者机变睿智，能够及时预判出对手在接下来要使出的手段，抢先给对手设置障碍，使他所要施展的手段失去用武之地。

一旦听懂了对方的用意，发觉对方存在明显的攻击意味，那么就要提高警觉，及时作出判断：一是具有反击的针对性，如果对方发动的是侮辱性攻击，那么反击也是侮辱性的；如果对方发动的是讽刺性攻击，那么反击也是讽刺性的。二是后发制人，巧妙且迅速地将对方给你的耻辱反过来贴到对方脸上。三是在方法上，他们往往捡起对方扔过来的石头，扔回对方，或顺水推舟巧妙地将矛头转向对方。

2.把问题再"踢"给对方

当然，你不可能对任何谈判对手所要玩弄的花招都防患于未然，反问的应变对策也只适用于事后补救。如果谈判对手提出的要求极不合理，你也可以以极苛刻或不切实际的提法要求对方，如此一来，对方就不得不收敛起他那盛气凌人的态度。

3.答非所问，避开雷区

谈判中，在遇到对方的语言雷区时，我们一定要沉着冷静，应用迂回的策略，保护自己的利益，从而取得谈判的胜利。如果正面回答，那么，很可能就撞在对手的枪口上。

采用"踢皮球"这种语言策略，不仅可以在谈判中适时施

第7章
提问是谈判的武器，问到重点才能解决问题

展以克敌制胜，还可以识破对方伎俩不至于处于被动，这便是谈判策略的意义之所在。但这一策略在实际谈判中应用较为复杂，谈判时，谈判者也要根据实际情况因人而异、因时而异，灵活变动。

谈判中恰当反问对方，变被动为主动

在很多谈判中，作为谈判的一方，不少人发现，很多情况下，对方明明认同你的谈判条件，却迟迟不表态，这是因为他们将你的意见储存在大脑中，但是并没有激发出来，而要想激发出最后的欲望，需要我们采取提问的方式。当然，提问的方式有很多种，其中就包括反问，通过一步步地反问，我们能激发对方的需求和紧迫感，进而促成合作。

因此，在任何形式的谈判中，如果我们能恰当反问，可以顺利将谈判对手带入自己谈话模式中，变被动为主动；而如果我们不懂得如何提出反问问题的话，我们将无法获得更多的信息。

那么，谈判中，我们该如何提出反问呢？

1.疑问型反问

这是最简单的一种反问方式，指的是我们可以直接提出想要知道的问题，但这种反问方式一般只适用于一些对方愿意公开的问题，除非你与对方关系亲近，但这种反问方式也有好处，那就是对方一般都愿意回答。

例如在销售型谈判中，你可以问："看你的穿着，您应该最喜欢红色的包包吧，既然这样，为什么不试背一下呢？"等等，使用这种类型的反问句，你能快速明确谈话的重点，从而引导对方继续交流下去。

2.层层递进型反问

这种反问方式在销售型谈判过程中比较普遍，它的目的是通过步步深入的反问，让客户认识到问题的严重性或者加深认识等，激发客户的情绪，从而唤起客户的购买欲望，例如，在销售员向客户推销空调系统的过程中，可以向客户反问：炎热的夏天，全家人都在空调下享受清凉的时候，此时，你一定不愿意看到空调突然坏掉，如果您的空调突然不制冷了，您会是什么心情？你的家人会不会抱怨你之前为什么不买一台质量更好的空调呢？

销售员这样逐级增加问话的深度，往往能吸引客户注意力，从而营造出强烈的沟通气氛、强化客户的购买欲望。

3.机智、幽默型反问

这种反问的方式一般出现在谈判双方产生异议，而直接反驳又会出现尴尬的场景下产生的，目的在于消除尴尬，起到圆场的作用。方法是尽量别直接攻击对方提出的异议、疑问等，从侧面和不同的角度表达态度、倾向和观点，机智巧妙地回应对方。有这样一则笑话，就使用了幽默型的反问，让人在感到快乐的同时又有所领悟：

妈妈："你选哪一个梨？"

儿子："我要那个大的。"

妈妈："你应该懂礼貌啊，要小的才对。"

儿子："难道懂礼貌就是要撒谎吗，妈妈？"

4.讽刺性反问

讽刺性的反问所使用的谈判场景一般是：我们受到了谈判对手不公正和不平等的指责等，为了不伤及客户的感情，我们可以使用这种反问方式。

客户："昨天晚上怎么没有送货过来？"

销售员："我在公司值班呢。"

客户："那怎么不派别人送来？"

销售员："别人也都要值班呢。"

我们暂且先将销售员的这种做法正确与否搁置，但其反问的方式值得借鉴，他既表达出了反问者的想法，又保全了气氛的和谐。但我们要记住，在一些销售型谈判中，运用这种反问方式一定要注意把握分寸，不要伤害对方感情，更不能激怒对方，造成一发不可收拾的后果。

提问的技巧

谈判陷入僵局，运用提问化解矛盾

人们参加谈判时，都希望谈判能在自己的掌控下进行，但实际上，谈判中总是充满了变数。进行谈判时，因为谈判各方利益点的冲突或因为谈判某方语言表达方式让人接受不了等，这时谈判陷入僵局也是毫不意外的。每一位谈判者或早或晚都将面对谈判的困境。分歧的确令双方都非常难堪，但又很难避免其发生。双方要么沉默相对，要么索性终止谈判。这是双方都不愿发生的局面，因为会给各自代表的利益方带来损失，同时对谈判个人来讲也是时间上的浪费。那么如何才能够化解矛盾，摆脱谈判僵局呢？

许多经验欠佳的谈判手在困境面前不知所措，认为谈判即将破裂，没有办法扭转局面，完全丧失了继续下去的信心。其实在实际谈判中真正的僵局少之又少，很多困境都是有办法解决的，其中就有提问法。

谈判专家指出，谈判僵局一旦处理不好，就有可能把谈判推向死胡同；相反，如果能够恰当地应用策略和方法，还是可以"起死回生"的。面对谈判僵局，"只剩下一小部分，放弃了多可惜""已经解决了这么多问题，让我们再继续努力吧"，这些说话技巧并不一定能起到打破僵局的作用。

具体来说，你可以运用提问法来转变话题：

1.先提出一个容易赢得对方共识的小问题

可能你会问："如果谈判不能在重要问题上达成共识，为什么还要浪费时间讨论那些微不足道的问题呢？"可那些谈判高手却认为，一旦双方在那些看似微不足道的小问题上达成共识，对方就会变得更加容易被说服。

"我们先把这个问题放一放，讨论其他问题，可以吗？""我知道这对你很重要，但我们不妨把这个问题先放一放，讨论一些其他问题。比如说我们可以讨论一下这项工作的细节问题，你们希望我们使用工会员工吗？关于付款，你有什么建议？"

这样，你可以首先解决谈判中的许多小问题，并在最终讨论真正的重要问题之前为谈判积聚足够的能量。

2.兜兜圈子

在谈判过程中，各自都有自己的立场，在运用兜圈子这一策略的时候你需要记住，使谈判绕了一个圈子，多走一些弯路无伤大雅，但一定要成功地到达终点，达成双方都能接受的协议。也就是说，兜圈子的话题主旨也不能变，虽然不涉及正题，但必须与正题有关，不管绕多少圈子，牛鼻子始终不能放，做到"形散而神不散"。

另外，话题的转移有相当的难度存在，需要我们有一定的语言技巧。转移术如果运用得不好，有时虽然能暂时缓和一下紧张的气氛，但对于大局并没有什么益处。转移的话题必须视具体情况和对象因地制宜，就近转移，不能不着边际，随心所欲，风马牛不相及。

当谈判陷入僵局时，双方都"不敢越雷池一步"，因为谁先表态，就意味着谁先放弃谈判立场，此时，正体现了谈判者的说话水准。而如果你能借用提问法来巧妙转变话题，那么就能舒缓谈判气氛而重新赢得谈判主动权。

找到对方语言中的漏洞，适时反问对方

在谈判中，谁能掌握谈判主动权，谁就能赢得胜利，而当我们陷入谈判中的被动地位时该怎么办呢？对此，谈判高手们建议，适时反问，能帮助我们反客为主。这一方法的要领是，首先顺着对方的想法做出一番分析，然后找出对方的漏洞，趁隙插足，适时反问，从而夺取谈判的主导地位，再抓住关键要害，才能循序渐进达到自己的目的。让对方顺着你的思路走，就要先顺着对方的思路走。运用反客为主的方法，首先要找到对方的荒谬之处，或者洞悉对方的漏洞。

某男与女孩要结婚了，女孩决定操办一个豪华婚礼，男孩却持不同意见，但直接表达恐怕会引起对方不满。

于是，男孩给女孩算了一笔账，"完全按照女孩的意愿，

酒席32万元，新房装潢和家具等等12万元，蜜月旅行、喜车、喜糖、鞭炮、礼品等二十几万元，加起来要六七十万元"。然后告诉对方，"现在有12万元的存款，每月结余大概一万多元，一年大概存14万元。"

最后，告诉女孩子："你看咱们是不是5年后，到35岁积攒下存款再结婚？"女孩沉默了，"要不先贷款，然后再用5年的时间还贷？"女孩子也不满意，这时男孩趁势说道："35岁结婚太晚了，背着贷款也不舒服，你看咱们是不是实际一点，看看哪里可以节省点？"女孩很轻易就同意了。

在实际谈判过程中，作为谈判者，我们需要认清这样一个问题，那就是在任何时候，当我们想要对方按照自己的思路走时，首先应该放下自己的观点和思想，按照对方的思路走，趁机寻找到击破对方心理的空隙，这样我们才能在最后达到自己的目的。

1.找到对方的弱点

在某次谈判中，为了自己手中多一张王牌，某芯片供应商代表W先生没有说出芯片对机械的要求，并告诉谈判方面X先生，自己正在和另一位公司的老总C女士洽谈。X先生多方了解，知晓了这一秘密，于是告诉W先生自己无法按照对方的要求进行投资，所以决定放弃购买这种芯片；据自己了解这种芯片对机械的要求颇高，必须用类似的进口设备，希望对方能介绍把自己公司的设备卖给C公司，于是问："您能把C女士的联系方式推荐给在下吗？"

这一番暗示，告诉了W先生自己已经知道他和C女士的洽谈不过是个幌子，做到了反客为主，W先生听完之后大惊失色，主动找到X先生，降低了产品价格和对采购量的要求。

想要掌握主动权，让对方顺着你的思路走，就一定要找到对方的弱点，或漏洞或需求，然后循序渐进地提出要求，就能顺利地让对方顺着你的思路走。

2.抓住关键点

想要让对方按照你的条件达成协议，就必须抓住对方的关键要害，比如"我想您也不想失去一位老客户。""你也希望延长合同的期限，不是吗？""如果我们可以免费为贵公司做三个月的产品宣传呢？"等等，只有抓住对方的要害，允诺对方最需要的利益，协议则可能更顺利达成。

3.最后拿出有利于自己的筹码

找到对方漏洞后，再抛出自己的想法，即有利于自己的筹码，对方就可能一步步按照你的计划达成协议。比如，在某次谈判中，谈判手了解到目前这种产品的市场竞争非常激烈，于是首先提出"我公司已经连续5年向贵公司采购这种产品了，当前市场竞争非常激烈，于情于理，贵公司最少应降价10%"。对方没有立即答应，于是谈判手立即详细分析了产品的成本和市场竞争状况，并告知该公司如果错失和自己的合约，将可能有多大的损失，严重的话，可能会被迫撤出该产品市场。

然后提出对方可能陷入的困境"若贵公司不顾交情，我公司将不得不向你的同行采购。"最后提出有诱惑的条件并催促对方道："您如果想继续合作，就按照我们的建议执行吧，随着公司业务量增大，我们一定会增加采购量的。"

第 8 章

提问是有力的课堂教学方法，引导学生积极思考

作为教师，我们都希望学生能积极、独立地思考且能朝着正面的方向努力，而填鸭式、说教式乃至咆哮式教育，对于学生来说根本不管用。而此时，善于提问可能会带来不一样的效果，正如我国著名教育家陶行知说："智者问得巧，愚者问得笨"，好的问题不仅可以激发学生兴趣、激活学生思维，更有利于课堂教学的展开与深入，那么，我们该如何提问才有效呢？带着这一问题，我们来看本章的内容。

> 提问的技巧

提问，有助于学生独立思考能力的开发

在教学中，作为教师，我们深知学生的独立思考的能力在学习和未来生活中至关重要：

（1）独立思考能力能让学生学习时更加积极主动。在学会独立思考后，他们就能在不求助于老师和其他人的情况下，解决学习中遇到的问题，做到查漏补缺、逐步提高。

（2）独立思考能力能提升学生的课堂听课效率，让学生很快学习到新的知识，为以后的学习打下良好的基础。

（3）独立思考能力能让学生提高家庭作业的质量，提高家庭作业的正确率。

（4）独立思考能力能提高学生的自学能力，能让学生开阔视野、增强知识储备。

（5）独立思考能力能让学生在学习上减少对父母或老师的依赖。

（6）独立思考能力影响着学生成绩的优良。

（7）独立思考能力能够让家长从繁忙的辅导任务中解放出来，专心于工作。

（8）独立思考能力能够让学生更加适应读书时代的学习，更有利于学生成人成才。

然而，在具体的教学中，大部分教师还是会对学生进行填鸭式教育，而忽略了对学生的引导，其实道理大家都懂，关键在于我们要善于运用引导的语言。教育学专家认为，教师学会运用"提问的语言"，有助于开发学生独立思考的能力。

所谓"提问的语言"就是教师向学生提出问题时所使用的语言。提问的目的是让学生思考，让学生自己去发现重要的事情。

优秀的教师能将这一方法带入实际的生活场景中，比如，教室里公共区域的书乱七八糟的，一般的老师可能会对学生说："那些书乱七八糟的，一点秩序都没有，快去整理下。"听话的学生会照做，但内心难免嘀咕："为什么叫我去？"一些不听话的学生可能更会敷衍你了。但这件事对于优秀的教师来说，可能会出现类似下面这样的对话：

"大家看看教室后面的书，有没有什么问题？"

"乱七八糟的。"

"那应该怎么办呢？"

"我去整理。"

这样，学生的积极性无形中就被带动起来了，根本无需教师催促。

不过，在教学活动中，一些教师要么缺乏耐心，对不听话

提问的技巧

的学生大喊大叫、歇斯底里，要么因为不懂提问的语言而无法给学生做出正确的指导，一些老师总是给学生提出一长串的问题，一个接着一个，可是却忘记了提问的目的是什么，要让学生自己去发现，而不是把东西硬塞给他。

教师应该通过教导来促使学生思考"什么事不能做""为什么不能做""今后应该怎么做"等问题，以下是我们总结出的有效提问的四个点：

1.让学生说出自己想说的话，需要反推出"问题"

当教师发现某位学生有不当行为时，可能你会本能地想对学生说一些话，但切记，这些话不能从你的口中说出来，因为人们在听从他人的教导时多少有些抵触，但是对于自己说出的会付出行动，这是本性使然，因此，为了让这些话从学生的口中说出来，教师需要反推出"问题"。

2.记录

将学生针对提问进行思考后而得出的结论写在纸上或黑板上，也就是学生能轻松看到的地方，这样，学生就找不到借口认为"这是大家共同想出的答案，即便没有去做也没有关系"了。

3.评价事后行动

作为教师，需要明确针对提问而得出的最终答案是否被学生执行，以及需要就学生行为的改进程度进行评价。

4.将讲台下的所有学生当成"一个人"

提问是教师在日常教学工作中经常使用的教育方法，但学生太多，不可能一一进行提问，因此，教师需要将全班看作一个整体，也就是"一个人"来进行沟通，这样，往往能有更高的效率。

巧设提问，激活学生思维

我们不难发现，任何一名教师，最为关心的还是学生的成绩，但在提高学生成绩的同时，学生的智力水平和创造能力也不能忽视，要知道，未来总是充满未知的，我们无法预料到未来会发生什么，只有具备独立思考能力的学生，才能应对未知的未来。

因此，作为老师，我们必须要有个明确的认识，那就是，要想让学生真正学到知识，并将知识转化为自己的能力，就应该鼓励他们进行独立思考，激活他们的思维，让学生自己学会摸索，而不是做别人思想的奴隶，而如何引导学生思考？其中一个重要的方法就是提问法，事实上，那些经验丰富的教师都擅长在一问一答中将学生的思维调动起来。

小林是某中学的一名政治老师，在教这门课上，小林很有自己的一套心得体会，因为他善于提问，而也正是提问，他总

提问的技巧

是能让自己的课堂鲜活有趣。在提问这一教学方法上，他说："我们在提问时，要分层提问，化繁为简、化难为易、化大为小，要学会课堂提问这门艺术，这样我们才能运筹帷幄整个课堂进程，另外，这样的提问方式也能够很好地结合学生的实际，作出有计划、有步骤的、系统化的提问，进而引导学生进行深度思考，提升学生的自主思考和学习能力。"

在一次政治课上，小林在讲到"商品"这个概念的时候，他设计了一连串逐层递进的问题来启发学生层层地深入了解。

课堂一开始，小林就提问："同学们，我们吃、穿、用的物品是哪来的？"学生异口同声地回答："市场上买的。"

小林老师接着问："那市场上出售的商品又是从何而来？"有学生回答："劳动而来的。"

小林老师继续问："那所有的物品都是劳动产品吗？所有劳动产品都是商品吗？"

学生们摇摇头，却又说不上来，小林老师问："原因是什么呢？"这样几个问题一一回答下来，使得"商品"的外延范围越来越小，逐渐显示出了其内涵。

最后，小林老师揭示了："商品就是用来交换的劳动产品。"课程结束后，小林老师总结说："运用这种循序渐进的提问方式，能轻松引导学生跨越思维的台阶，学生也比较容易接受。"

领导向下属提问，其实就恰似于老师向学生提问。在提问的时候，需要有所铺垫，这样你的问题提出来才不会显得突兀。比如，领导一开口就问"这事你怎么办成这样？"而在这之前，没有任何的提示、铺垫，或许，那些反应不够快的下属会摸不着头脑，不知道你问的究竟是什么。

在所有的科目中，玲玲最喜欢数学。从小到大，她就要求自己从多角度看问题，她就像一个问号一样，总是问自己，"难道就只有这一种解题方法吗？"通常情况下，她从不在练习册上解答，因为练习册上的空页根本不够她解答，她会在作业本上抄下题目，然后列出很多种方法。

转眼，玲玲要参加小升初考试了。老师为她担心的是，玲玲太爱思考了，在每道题上花的时间太多，会影响她答题的。为此，在考试前，老师还专门叮嘱她不要恋战。

然而，老师的顾虑是多余的。为了培养学生的多向思维能力，试卷结尾的几道数学解答题全部都注明：请运用两种以上解答方法。

考试结果出来后，玲玲居然得了满分，老师感叹："这就是勤于思考的好处。"

的确，在学习中，我们的学生如果也能和玲玲一样自主学习，而不是为了完成学习任务，相信他们也能获得良好的学习效果。其实，同一道习题，抛开传统的解决方法，再动一动大脑，往往能找出更多的方法，在学生的学习中，我们可以这样引导学生:"何不再看看有没有其他方法呢?"这是开拓学生思维的一种绝佳方式。

那么,在具体的教学中,在运用提问开阔学生思维时,要注意哪些呢?

1.提问表述要清晰

清晰的表述能够让学生迅速理解提问的内容,并做出正确的回应。一个提问遭遇"冷场",如果不是难易程度出了问题,一定就是表述不够清晰。

比如,识记生字"远"的时候一位老师这样提问:你是怎样认识"远"的呢?一个孩子说"妈妈教的",另一个孩子说"老师教的",没有回答识字方法。另一位老师这样提问:你是用哪种识字方法识记"远"这个字呢?孩子们不约而同地围绕识字方法展开了回答。第一位老师的提问之所以没有引发孩子对识字方法的思考就是因为提问表述不清晰。

2.注意问题呈现的有序性

课堂上的提问不是随心所欲的,要根据教学内容和内在逻辑有序地呈现。例如《树和喜鹊》的教学中,围绕树和喜鹊由孤单到快乐的前后变化展开教学,让学生感受朋友的重要,在提问时先找出树和喜鹊从前什么样,再找出他们后来怎么样,接着才能提问他们变化的原因。按照课文的内在逻辑呈现问题孩子们思路会更加清晰,解决问题也会更轻松。

3.提问次数要适中

课堂上的提问是达到教学目标的一种方式，但不是课堂教学的全部，在提问时次数要适中，次数太少不足以引发学生有效思考，次数太多又会占据学生的学习思考时间。

4.提问对象要适合

我们在设置问题时面对的是全班学生，但只能有部分同学站起来回答，在这种情况下就得挑选最合适的人来回答问题。如果提问的是基础性的知识，可以优选考虑程度较弱的学生，以此来检验他们的听课质量和掌握情况；如果问题较难或开放性较强，可以选择程度较好或发散思维较强的同学来回答，这样可以保持课堂活力，激发学生的思考欲望。

总之，提问是一门艺术，只有做到有效提问才能保证师生、生生之间的交流是有效的，才能保证学生的思维品质不断提升。

教师应掌握的十大提问方法

前面，我们已经分析过，在教学中，教师提问可以引发学生的思考，激发学生的自省能力。教师可以通过提问引导学生去完成某事而非强行地命令学生去完成，让学生更具行动力。

以下是教师们可以拿来使用的一些提问方法：

1.选择法

教师可以给出2~4个选项,作为解决问题的对策。让学生从中选择之后,确定集体和个人目标。

常用话术:

● 你们想要成为什么样的人,优秀的人、普通的人,还是最差的人?

● 虽然很辛苦但却很开心的生活,虽然很轻松但是却很无聊的生活,你想选择哪一个?

2.想象法

教师可以让学生想象一下获得成功时的情景,并在想象中感受自己的想法和周围人的反应,从想象中唤醒学生对体验成功的强烈热情。

常用话术:

● 你觉得如果成功的话,周围的人会说什么呢?

● 如果每天坚持下去,你会在哪些方面获得进步呢?

● 如果做到这件事,你会有什么样的感受呢?

3.目标法

教师要确定清晰的活动目标,并告诉大家这是应该努力的方向,并时常确定是否在朝着这一方向前进,以此来修正大家的态度和行动。

常用话术:

- 你想成为什么样的人？
- 你读书的目的是什么？
- 你想达到什么样的水准？
- 想要得到什么样的结果？
- 大家来确定目标吧。

4.发现法

如果问题很多，教师要督促学生尽快发现问题，让学生提出各种意见和想法，教师再逐一进行评价，这其中，要尽量让学生多提一些建议，这样能在无形中提升他们的观察能力。

常用话术：

- 还有其他问题吗？
- 哪位同学注意到了？
- 需要改善的地方在哪？
- 大家有没有觉得教室里有什么问题？

5.扩大法

即对于学生提出的一些建议，教师需要进一步详细地询问具体情况。

常用话术：

- 比如呢？
- 然后呢？
- 能详细说说吗？

- 可以告诉我一部分具体的内容吗？
- 可以举个例子吗？
- 可以再简单地说明一下吗？

6.原因法

有的时候学生就是大概知道这是不好的事情，但却不知道为什么不好。因此，教师应该带领学生进行分析，搞清楚是什么原因导致了现在某种问题的出现。

常用话术：

- 为什么不能这样做呢？
- 你觉得哪里有问题？
- 必须要做出什么改变呢？
- 请思考一下原因是什么？
- 你迟到的话，会对其他同学造成什么影响呢？
- 出现这种状况的原因是什么？

7..总结法

教师需要根据学生提出的意见和想法进行整合，尽量将所有的想法都囊括进去，以此形成一个统一的意见。

常用话术：

- 我们来总结一下同学们的意见，今后应该怎么做呢？
- 关键点是什么？
- 试着将大家的想法综合起来吧。

- 哪个意见更有道理？
- 简单说说具体是什么情况吧。

8.数值化法

任何一项活动，如果不对其进行具体的评价就很难得知其完成度有多少，而通过让学生给自己一个打分，或者进行类比的话，能让自己对目前的情况有比较清晰的认识，以此改进自己的态度和行为。

常用话术：

- 如果满分是5分的话，你给自己打几分？
- 如果满分是100分的话，你认为自己现在能得多少分？
- 如果你给自己一个评价的话，你认为应该是非常好、合格、还要努力中的哪一个？

9.步骤法

在确定了某件事的总目标或者整体的方向后，接下来自然就是要明确每一步该走什么，教师在向学生提问时，可以多问"下一步呢""然后呢"这样的问题来督促学生按照预定步骤认真执行。

常用话术：

- 第一步要做什么？
- 之后做什么？
- 接下来让谁帮忙比较好？

提问的技巧

- 你觉得接下来要做什么？
- 按顺序说一下要做的事情。

10.反省法

谁都会犯错，成长中的学生更是如此，教师应该引导学生反省自己的错误，让他们下次不再犯同样的错误，当然，也需要考虑一些对策。

- 为了记住这个，你应该做什么？
- 你知道自己的不足在哪吗？
- 如果重来一次，你要怎么做？
- 但是如果下次再发生同样的事应该怎么做？

以上就是教师们在日常的教学活动中应该掌握的提问学生的十大方法，熟练掌握和运用这些方法，相信能帮助你更好地与学生沟通，引导学生朝着积极的方向成长和学习。

当学生撒谎时，如何运用提问法找到真相

提问能帮我们在最短时间内拆穿对方的谎言。作为教师，如果学生说谎，我们也可以运用这一方法找到真相，然后进一步正向引导学生。

以下是一个应对学生说谎的对话事例：

师：小明，你的这支笔是从哪儿拿来的？

生：从家里，是姥姥给我的。

师：哦，什么时候给你的？

生：嗯……大约四年前。

师：是在哪里买的？

生：超市。

师：那你一直把这支笔放在家里吗？

生：嗯……是的。

师：姥姥为什么要送你笔，是给你的生日礼物吗？

生：不是，是姥姥给妹妹买的，多买了一支就给我了。

师：嗯？这支笔是姥姥给妹妹买的吗？

生：嗯。

师：嗯？这个和刚才说的不一样啊，什么时候给妹妹买的？

生：大约是在给我这支笔的一年前买的。

师：那就是五年前买的，对吧？

生：嗯，是的。

师：你确定吗？

生：确定。

师：那就很奇怪了，这种新型笔芯是这两年才出现在市场上的新产品，五年前还没生产呢？

生：……

师：说实话吧。

生：老师，对不起，是我偷的同桌的自动圆珠笔。

这里，很明显，教师几句话就将学生"偷笔"的真相挖掘了出来。可见，看穿谎言其实很简单，最好的方法就是"提问"，在询问说谎的学生时，只要不是诱导审问，教师都可以采取"不断重复问相同问题"的方式。

但是在弄清真相之前，教师不可简单地断定。谎言会包含不合理之处，通过提问挖掘出与事实不相符的部分，找到一个小漏洞，然后从那里开始发掘真相。要把自己当作"火星人"：对一切都感到不可思议，对任何小细节都做出提问。

最重要的，教师要明白，我们不是侦探，更不是检察官，揭穿学生的谎言也并不是我们的根本目的，我们的目的是对学生进行正向引导教育，要积极引导学生认识错误。在揭穿谎言之后，要对学生进行教导：说谎会给很多人带来困扰，说谎的人会失去他人的信任，因此，一定不能说谎，与此同时，还可以借机对学生进行品质教育，让学生从小就养成崇高的人格品质。

借助黄金圈理论提问，目标更明确

教师在提问前要整理好思路再提问，即便在课堂上，也不可能不假思索地向学生提问，教师不思考而只让学生思考，这是不负责任的想法。教师在思考时，可以参照"黄金圈理论"，这个理论是由美国著名的销售顾问西蒙·斯涅克提出的。

黄金圈理论又叫作黄金圆环（Golden Circle）或者黄金圈法则。用一个圆环表示，圆环中心是"Why"，中间是"How"，最外层是"What"，其中：

Why：确定目标。

How：目标确定后怎么做。

What：进一步考虑具体要做什么。

它是一个用来阐释激励人心的领袖力的思维模型。这个模型的核心是一个"黄金"圆圈，意思是领袖素质的根本来源是回答"为什么"。

对于大部分人来说，都知道先从外面考虑，都知道自己在做什么，也有一部分人知道自己怎么去做，但真正知道为什么要做这件事的人却很少，然而，成功者的思维模式与大多数人是完全相反的，他们是由内而外，先思考为什么，再思考怎么做，再到做什么。

我们来举例看看这两种思考模型的差别。

假如我们去买电脑，普通的电脑营销人员可能会这样推荐自己的产品："我们的产品设计精美、简单，界面友好，你想要买一台吗？"

再看看苹果公司的销售人员如何与客户沟通:"我们做的每一件事,都是为了突破和创新,我们坚信应该以不同的方式进行思考;我们挑战现状的方式,是不断把我们的产品设计得精美、简单,界面友好。在这个过程中,我们做出了最棒的产品。你想买一台吗?"

这两种感觉完全不一样,对吧?我们是否更愿意从苹果店买一台呢?

这里,苹果所做的,只是将传递信息的顺序颠倒了一下而已。事实证明,人们买的不仅仅是你做的产品,还有你的信念和态度。

那我们普通人为什么也要学习黄金圈理论呢?

第一点,运用这种思维原则,能帮我们养成在解决问题的时候,运用系统思维思考的好习惯,任何人,只要学会了从为什么出发去思考问题,就能够顺利地打通各个解决问题的卡点。

第二点,运用这种思维原则,能帮我们学习如何透过现象看本质,能训练我们的思维能力,从而提升解决问题的效率。

第三点,它可以帮助我们直指问题的核心,在做任何事情的时候目的更明确,路径更清晰,行动更有力。

对于教师向学生提问来说,也是如此,大部分情况下,我们都会从外向内思考问题,下面用决定儿童节唱哪首歌来举例。

"我们决定在今年的儿童节演唱这首歌(What),我们要做到高音和低音协调配合（How）"，但是这样就不清楚"理由""目标（Why）"，自然也就很难让学生都积极参加了。

为了激发学生的参与热情，教师应该改改自己的思考方法，学会从圆心出发由内向外进行说明。

还以上面的儿童节唱歌之例分析：

"我希望能借助今年的儿童节唱歌的机会来提升同学们的创作精神（Why），因此，我们希望演唱时候同学们的高音和低音能配合得更加协调（How）。为了达到这个目的，我们来唱这首歌吧（What）。"

如果教师这样说，目标就很明确，学生们也会为达成目标而一起积极努力。

因此，根据黄金圈理论，我们可以向自己提出以下问题：

Why

（1）这个活动的目标是什么？

（2）要达到什么程度？

（3）想要通过这一活动提高学生的什么能力？

How

（1）怎样才能实现目标？

（2）怎样的活动态度才是合适的？

（3）才能达成目标？

What

（1）应该做什么？

（2）要执行到怎样的程度？

（3）搭配什么比较合适？

学会了运用黄金圈理论去思考，并将其运用到对学生的提问中，相信一定能对学生起到积极的引导作用！

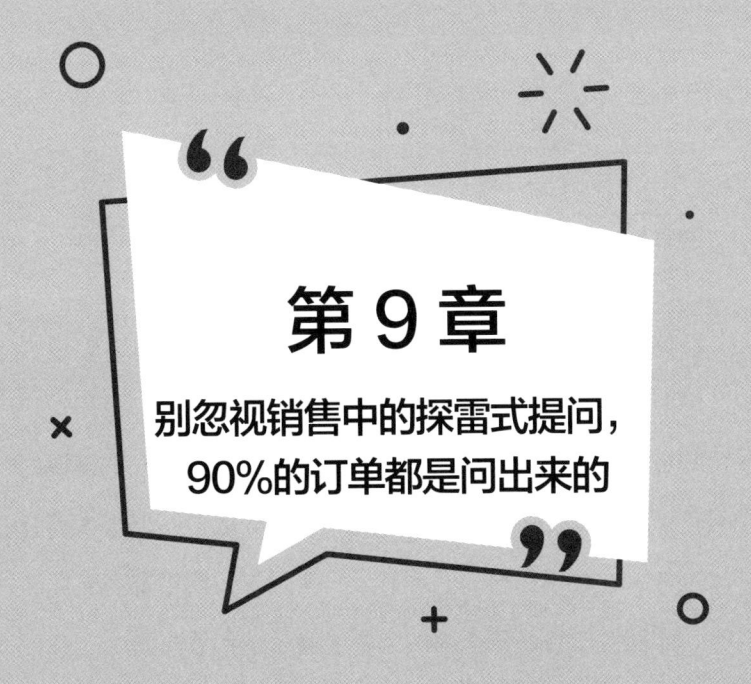

第 9 章
别忽视销售中的探雷式提问，90%的订单都是问出来的

推销产品中，提问是一个不可或缺的环节，巧妙地向客户询问好处多多，它不仅能问出客户的真实需求，掌握客户的内心动态，减少信息的不对称造成的误会，还能把握和控制整个销售进程，获得客户的好感。为此，有人说，在销售中，你问得越多，客户答得就越多；答得越多，暴露的情况就越多。然而，如何向客户提问正是考验了我们的口才，如果不假思索地提问，不仅达不到理想的销售状态，恐怕还会适得其反，为此，我们需要掌握提问的技巧与方法，只有学会灵巧提问，才能步步深入，探出客户的真心！

提问的技巧

提问要巧妙，要先从客户感兴趣的话题问起

经验丰富的销售精英都知道，在与客户进行沟通的过程中，你问的问题越多，获得的有效信息就会越充分，最终推销成功的可能性就越大。弗朗西斯·培根也曾经说过："谨慎的提问等于获得了一半的智慧。"提问的好处多多，但很多销售员却苦苦思索，该如何提问才有效？实际上，我们都有这样的经验，人们对于自己感兴趣的问题才会乐于回答，那么，我们何不以此为突破口进行巧妙的询问呢？

当然，在与客户沟通时，从客户感兴趣的话题提问也是有一定技巧的，如果用得不恰当，事情也会起到相反的作用。具体来说，我们可以这样提问：

1.就地取材

其实，我们不必绞尽脑汁地寻找提问的话题，因为一般来说，生活中，人们一般都会关注以下这些话题：

你可以谈足球、篮球或其他运动。

你可以谈食物、谈饮料、谈天气。

你可以谈生命、谈友情、谈未来。

你可以谈同情心、谈责任感、谈真理。

你可以讨论书籍、电影、广播节目、国际新闻或本地的新闻。

你可以交换一下关于某个杂志上看到的一篇文章的要点。

……

诸如此类，都是很好的谈话题材。

2.从客户在行的话题问起

提问要注意的是要问及对方所在行的问题，特别是从他的专长或职业下手，这样，你就能应付各式各样的客户，使话题不断延续下去。假如对方是医生，你对医学虽是门外汉，但也可以用"问"的方法来打开局面。"近来感冒又流行了，贵院大概又要忙一阵子了吧？"这样一来，对方的话匣子就打开了，你可以从感冒谈到症状、药品和补品等，只要双方都不厌烦，话题就会一直谈论下去。

3."借助媒介法"

例如，你想向一位陌生人推销，而他正在看报纸，你便可以用报纸作为媒介，对他说："先生，对不起，打扰一下，请问您手里拿的是什么报纸？有什么重要新闻吗？"如此一来便开启了双方的谈话。

向客户提问，令对方感兴趣的话题可以说俯拾皆是，关键在于要能够依照特定的情境去发掘，并且能够恰到好处地运用！

提问的技巧

运用提问，能摸清客户的真实想法

在销售中，能否在一开始就引起客户的兴趣，是销售能否取得成效的关键，这其中就需要销售人员善加引导，而聪明的销售员会懂得巧妙地提出问题，从而在刚开始就了解到客户的真实想法，这样才能引导客户的思维跟着自己的导向走，因为销售并不是上演一场场独角戏，而是需要你来我往的相互交流，提出相应的问题，可以引导你的谈话对象去仔细地思考，然后说出他的意见与看法。

小张是一名电脑推销员，一次，在向某公司的领导推销电脑时，他就很好地充当了顾问的角色。

"上次，您谈到电脑的性能可以满足3～5年的需求。这怎么理解呢？"

"使用寿命短，更新太快，是笔记本电脑的最大缺陷，我们希望笔记本电脑能够用得久一点。"

"确实是这样。我记得几年以前，电脑的主频只有200MHz，现在的主频已经到了3.0GHz，是以前的十多倍。您觉得电脑使用时间的主要瓶颈在哪里？或者说三五年以后，笔记本的哪些配置会成为使用的障碍？"

"我想听听你在这方面的看法。"

"您看看我这几年用电脑的情况就知道了。我也是前几年买的电脑，但现在的问题是，配置不够高，造成了这几年总是要升级硬盘。事实上，考虑到内存的升级是最容易而且价格下降较多，内存现在只要够用就行了，以后可以很方便地升级。为了能够使您的电脑用的时间长一些，因此呢，我觉得您应该在CPU的主频和硬盘方面的配置高一些，显示屏应该使用19英寸的，这样在几年之内都会是顶级配置。"

"你建议的配置呢？"

"您也知道，现在的科学技术发展太快了，前两年CPU马上就要停产了，现在生产的电脑CPU有××型号。而且英特尔的CPU最近会降价，所以我建议您采用这一型号的CPU。您使用的数据量很大，考虑到以后升级硬盘时要淘汰现有的硬盘，所以我建议您这次的硬盘配到1TB。内存就使用8GB就可以了，屏幕选择19英寸的屏幕。"

"有道理，那么我就按照你的建议买吧。"

在这场销售案例中，小张对客户的巧妙提问，摸透了客户的需要，这有利于正确地向客户介绍产品和推销产品，使得后面的销售工作也变得容易了很多。

事实上，任何一场完整的销售活动，都少不了提问，善于提问的销售员，能更容易在一开始就把握客户的心理，摸清对方的需要，了解对方的购买意向和购买能力，同时，在开场的时候，更能带动客户的思维，启发客户思考，把销售的主导权

提问的技巧

一步步引向有利于自己的一方。同时，提问也能打破销售开场的瓶颈，消除客户的防御意识，从而打开销售局面，可见，提问是推进和促成交易的有效工具，它决定着谈话、辩论或论证的方向。

销售员在销售开场的时候，要想掌握整个交谈局面，就要学会设计一些问题，这样，你才有可能做到引导整个销售进程，让客户接受你的引导，也可以找出客户的兴趣、问题、烦恼等。总之，销售人员可以将客户的注意力引到对自己有利的重要事项上来，从而在一开始就能掌握交谈的主方向。

在销售的开始阶段，了解客户的真实想法很重要，这就少不了提问，比如，你可以通过以下方式对客户进行询问：

"……就是说，是否……"（话锋一转，向客户提出一个关键性的问题，以便引导他进一步表达自己的意见或发言。）

"……你的问题是不是就在这里？"（迫使客户下结论，或者使他重新考虑。）

同时，在提问后，客户如果不能立即明白地说出他的疑问，这时销售人员应正确地采用提问的方法，找到问题所在，然后"对症下药"。

在向客户提问的过程中，要求销售人员要善于运用提问的技巧，通过不断地向客户提问，了解客户最真实的需求，确保客户清楚你所讲内容。

1.询问客户的需求和观点

只有提问,才能摸清客户的真实想法,才能对客户对症下药,销售也才能有一个好的开始。

2.对客户保持耐心、谦逊

"我这样讲清楚吗?"

"你了解我的意思吗?"

"怎么还不明白!"

在上面三句话中,很明显第一句话是最好的,它暗示着如果客户没有搞懂,那一定是销售人员没有讲清楚,是销售人员的责任。第三句在你的销售过程当中是一定要避免的,这样只会引起客户的反感。

如何通过提问探出客户的经济实力

作为销售员,我们都知道,客户是否有购买能力是判断其是否能成为准客户的一个重要方面。客户有购买需求、有购买权,但是没有购买能力,我们依然无法成功地推销出产品,对于分期付款的客户,也可能会造成销售后的呆账或死账。因此,在推销前,我们就应谨慎行事,在大型的购买活动中,一定要提前了解客户的经济水平和购买力,在确认你的潜在客户有这方面的预算后，还要对其一贯的信誉进行一番考察。我们考察客户的购买实力的一个重要的方法就是提问，但在提问时，一定要注意方式，最好以温婉探问的方式，尽量在悄声无息中了解，否则，就会很容易引起客户的反感，以至于丢失生意。

一天上午，某汽车4S店进来了一位先生，这位先生大概四十岁出头，打扮不入时。店内的推销人员对这位先生上下打量了一番后，大概认为其并没有购买能力，所以也就没有主动过去为其服务。而销售员彤彤则不同，她走过去主动和客户打了招呼："先生您好，我是这家4S店的销售员彤彤，很高兴为您服务。"为了不打扰顾客看车，做完自我介绍后的她就在一旁观看，并未出声。

就这样，这位先生一个人在店内转悠，一会儿说这辆车车价太高，一会儿又说那辆车的款式不漂亮。看到一旁的彤彤，他说："我今天只是随便看看，没有带现金。"

"先生，没有问题的。我和您一样，有很多次也忘了带。谁也不会身上随时带着很多现金，您尽量看，有什么问题可以随时问我。"

"好的，谢谢你。"然后，稍微停顿一会儿，彤彤观察到客户有种脱离困境、如释重负的感觉。彤彤想：他是真的没带钱，还是没有购买能力呢？于是，针对这个问题，彤彤决定大胆地试探一下顾客。

"先生,您有中意的车吗?"

"那辆奥迪不错。"

"是的,您的眼光不错,这辆车最近卖得非常好。"

"是吗?可是,能分期付款吗?"这下子,彤彤明白了,原来顾客是担心价格和付款方式问题。于是彤彤说:"当然可以,你现在就可以与我们签约。事实上,您不需要带一分钱,因为您的承诺比世界上所有的钱都能说明问题。"

接着,彤彤又说:"就在这儿签名,行吗?"等他签完后,彤彤再次强调说:"您给我的第一印象很好,我知道,您不会让我失望的。"

结果确实没令她失望,第二天,这位顾客就带了首付提走了那辆车。

这则销售案例中,销售员彤彤之所以能轻松推销出去这辆车,是因为她和其他销售员不同,面对打扮不入时的客户,她还是愿意一试。并且,最可贵的是,她敢于主动试探顾客,从而让客户自己道出了购买的顾虑——希望分期付款。

的确,客户的购买能力是决定客户是否能完成购买的关键因素之一,如果客户没有经济实力,即使他们的需求再强烈,也不会购买。对于这类顾客,如果我们"纠缠不休",不仅浪费时间,还会招致顾客的厌恶。但有些销售员在遇到一些徘徊在类似于汽车店内的顾客时，总是会妄下断言：光看不买，一定是买不起。这也是不正确的。因为也有一些客户更相信自己的眼光，需要多项选择。那么，很多销售员就产生了疑问：如何判断出客户是否有足够的经济实力购买呢？其实，我们不妨和案例中的彤彤一样，主动出击，巧妙地探问。

那么，我们该如何巧妙探问，从而筛选顾客呢？对此，我们可以从以下三个方面入手：

1.询问客户的职业

这天，家具店里来了一位年轻女孩，导购员晴晴赶紧迎了上去，一番寒暄之后，晴晴了解到女孩是布置结婚新房，于是，接下来，晴晴就试探地问："张小姐，请问您在哪里高就？"

"哪儿算什么高就，我去年就辞职没干了，专心装修新房，幸亏老公的公司运营得不错，不然我也得上班。"

听到客户这么说，晴晴就大胆地为客户介绍了一些高端的家具，当然，最后这几单生意都成交了。

案例中的晴晴是个精明的导购员，她间接地问出了客户的职业——全职太太，这里，虽然客户张小姐没有工作，但是却有其丈夫这一经济后盾，因此，对方是有一定的经济能力购买高档家具的。

一般来说，人们的职业与收入状况和身份地位是吻合的，为此，你可以借机问顾客："能多问一句，您在哪里高就吗？"

2.针对顾客的支付计划进行提问

我们可从顾客期望一次付现,还是要求分期付款,又分首期支付金额的多寡等,判断客户的购买能力。

3.从顾客的穿衣打扮中,委婉提问

一般情况下,人们的收入状况和经济水平,一定程度上是可以从其穿戴打扮上看出来的。穿戴服饰质地优良、式样别致的客户,一般具有较高的购买能力。而服饰面料普通、式样过时的客户多是购买力水平较低、正处于温饱水平的人。

为此,推销员通过观察客户的服饰打扮,大体上可以知道客户的职业、身份及购买力水平。比如,你在向顾客推销一件衣服的时候,你可以先这样说:"您今天的首饰真好看,好像是今年××杂志上的主打产品,是吗?"根据顾客的回答,你大致就可以看出顾客的购买情况了。

总之,销售员在对客户进行说服时,首先要弄清客户的经济水平,这样才能分析客户为满足自身需要能够接受的价格水平,但一定要注意提问方式的委婉,太过直接会引起客户的负面情绪!

> 提问的技巧

因人而异，对不同性情顾客的提问方法

销售中，我们提出的任何问题，最终都是为销售服务的。有些销售员，为了避免引起客户的反感，提问的时候，都尽量避开销售，但到最后却发现事与愿违，因为随着交谈的深入，话题逐渐偏离了销售的本来目的。但太过直接的问题，也确实容易引起客户的质疑。每个销售员在提问时，都要摸清客户的性情，只有对症下药地提问，才能达成最终的销售目的。

作为客户，可以分以下几种类型：

1.争论型

这些客户一般比较聒噪，他们甚至会出言不逊，比如："搞销售的不就是骗子吗，耍点嘴皮子就想挣钱？"面对这种情况，恐怕很多销售员都会招架不住，有的销售员只好宣布放弃，而有的销售员则会为了与客户争出个胜负来，使出浑身解数与客户争论，其实，这种做法是无意义的，聪明人的做法是设置悬念，吸引客户的注意，引起客户的兴趣，而无疑，发问是最好的方式。比如，你可以对客户说："请您给我十分钟的时间，我想您应该有兴趣听听如何使得产品的生产效率提高百分之三十吧。"此时，客户就会产生一连串的疑问——他怎么可能会做到将生产效率提高百分之三十？——为什么不让他试试呢？于是，销售员的心理策略就成功了。

但诱发好奇心的提问方法与耍花招不可相提并论，耍花招迟早会被客户知道，从而计划落空，流失客户的同时还使得自己留下不好的名声。

2.性急型

这类客户在最终购买上总是拿不定主意，他们喜欢看周围的人采取什么措施，因此，这类客户经常会因为销售人员的一个激将的方式而最终拿定主意购买。其实，这类客户只要销售员稍微采取一点小"手段"，就很好搞定。

3.挑剔型

这类客户其实对产品的各项性能和指标都有所了解，如果没有较大的反对意见，一般他们都会购买，只是会一直对产品挑三拣四。对于这类客户，销售员要顺着他的牢骚和不满接话，先回答一系列的"是"，让客户暂时平息脾气，等他们平息了脾气，你就基本成功了。

4.多疑型

有些客户在购买产品的时候，总是疑神疑鬼的，其实，他们有购买欲望，但是就是不下定决心购买。对于这类客户，销售员要尽量拿出可以让客户信得过的证据，那么怀疑自然会消失。

5.内向型

这种客户，他们容易相信销售员的说服话语，也比较"通情达理"，只要产品不存在什么问题，只要销售员能为他们提供按质按量的服务，客户一般都会答应购买。通常情况下，这类客户是最容易拿下的客户。

销售人员要学习的七种提问方式

在销售中，是否能在一开始就引起客户的兴趣，在于销售员是否懂得运用语言的艺术。聪明的销售员会懂得巧妙地提出问题，从而能在一开始就了解到客户的真实想法，才能引导客户的思维跟着自己的导向走，因为说服的艺术并不是上演一场场独角戏，而是需要你来我往地相互交流，提出相应的问题，可以引导你的谈话对象去仔细地思考，然后说出他的意见与看法。

销售员在与客户沟通的过程中，多提一些积极的问题，可以增加客户对产品的信心，从而加强客户购买的愿望并最终决定购买。销售中，提问包括以下七种方式：

1.主动性提问

主动式提问指的是在介绍完产品后，销售员对客户的感受直接提出的疑问，目的是希望得到客户的反馈意见。一般来说，只要销售员注意自己的说话方式，客户一般都会直接、正面回答这些提问，比如销售员可以直接问客户："这件衣服是今年的最新款，不知道您喜欢不喜欢这种颜色呢？"如果客户说他不太喜欢，那么"症结"就已经找到了。

2.建议式提问

销售员应该提醒客户，在购买产品后会得到某些利益和好处，并提出一些良好的建议，客户在经过思考后，如果能对你的意见产生认同感，那么一般都会购买产品。

比如，婴幼儿产品推销员可以这样推销："请问您的宝宝多大呢？如果是一岁以下的婴儿，我建议您……如果是……"短短的一个问题，既会让客户感觉到你的贴心，又会让客户感觉到你的专业，继而赢得客户的信任和认同，从而给客户留下良好而又深刻的印象。

3.重复性提问

也就是重复客户的疑问，从而肯定客户的观点，容易让客户产生认同感。

例如，当客户对你的产品服务产生不满时，你可以问："你是说你对我们所提供的服务不太满意吗？"

那么，这一提问方式有什么好处呢？第一，能起到对客户的言论的确定作用，避免理解错误；第二，起到缓冲问题的作用，销售员可以借此机会想出解决的对策；第三，这类问题还可以用来减弱客户的气愤、厌烦等情绪化行为。

4.选择式提问

这种提问方式，需要销售员对可能产生异议的几种问题进行分类，不能遗漏任何可能性的问题，这样才能让客户自己从中选择一个或几个。

例如，推销员可以问客户："您好，我们的产品有哪些问题让您觉得不太符合您的需要呢？是样式、体积、重量还是口味……"

5.指向性提问

例如："你们一般都买哪个品牌的化妆品？""你们每年花在旅游上的经费大概是多少呢？"等。

这种提问的方式的不足是，只能询问出客户愿意公开的问题，也就是不能深入提问，但好处是，一般客户都乐意回答。

6.细节性提问

这类提问的作用是，可以使得客户进一步表明自己的观点或者不满，方便了解购买过程中产生异议的原因，比如，当客户只说出对产品不满的时候，你可以问："请告诉我您对产品哪里不满意，好吗？"

7.结论性提问

这种提问是根据客户的观点或存在的问题，推导出相应的结论或指出问题的后果，从而诱发出客户对产品的需求。这类提问通常使用在评价性问题和损害性问题之后。

但销售人员需要注意的是，在使用这些方式提问时，对客户要表现出关心，语气千万不可太生硬。

第9章 别忽视销售中的探雷式提问，90%的订单都是问出来的

优化提问方式，体现出客户专家的水平

前面，我们已经提及过，提问是销售活动中引导客户的重要手段，提问不但能帮助我们了解客户的真实需求，更能帮助我们带动客户的思维，继而成功引导客户，帮助我们达成销售的目的。鉴于提问的重要性，我们有必要了解销售中提问的顺序，对此，我们先来看下面的销售案例：

采购部的张姐联系了两位相互竞争的销售人员，想看看谁能最有效地帮助自己降低库存成本。她先与小刘进行了谈话，让她说说她的产品可以如何帮助她降低库存成本。"机会难得"，小刘心中暗想。于是，她向张姐阐述了她的产品是如何借助一个又一个的高科技手段，帮助她实现降低库存成本的目标的，就这样口若悬河地说了整整十分钟。

但最后，张姐说自己需要一点时间来消化她提供的这些信息。实际上，她是需要点时间来摆脱这些枯燥的言论。而第二位销售人员小秦则采用了截然不同的方法。在解释自己的产品可以如何帮助他降低库存成本之前，她向张姐提出了一些至关重要的问题，比如，她是如何计算库存成本的。张姐只会有两种回答：一是说明她的做法；二是问清小秦的意图。每种回答都将产生有益的结果。

很明显，小秦得到了张姐的信赖，她更像一个客户的专

家。的确，销售员要想卖出产品，就必须从客户的角度出发，先对客户的需求予以理解，然后才能根据客户的需求为客户"量身定制"其需要的产品类型等，这类销售员一般是被客户所信任的，因为这类销售员一般是从客户需求出发，把客户利益放在心上，寻求客户利益与自身利益的最佳结合点，而不是为了卖出产品而不顾客户的需求，通常，客户会认为销售员靠的是产品的价值而不是价格来打动自己，并会感到物超所值。所以，和范例中的小秦一样，如果你能使用积极倾听与提问的催眠技巧，那么就可以实现双赢的结果。

那么，作为销售人员，我们该怎样优化我们的提问方式，体现一个客户专家的水平呢？最有力的销售手段都离不开以下五种方式：对话式、开放式、筛选式、澄清式与核实式。后三种方式能逐渐引领客户的回应由模糊到清晰再到可量化。

1.对话式

这种方式并不能真正起到卖出产品的作用，能起的只是一个寻找共同话题、拉近与客户距离的作用。通过轻松的交谈，能让客户放松下来，从而缓和气氛。你可以从日常生活中最简单的细节开始询问，比如天气等，这还能体现你的友好，渐渐地，你便能将交谈话题引到对产品的介绍上，此时的客户也会乐意听你介绍。

2.开放式

这个过程是在第一个阶段,也就是对话式的后一个阶段。在这个过程中,销售员可以与客户进一步交谈,激发出客户的交谈欲望,了解客户的兴趣、爱好乃至购买意向等,这个过程是为了帮助销售员进一步确定客户的需求。如果客户对你的交谈无动于衷,而当你说再见时,客户笑了笑,那么,可能你的交谈方式等出现了问题,与客户心中的理想模式有较大差距。

3.筛选式

筛选并不是人们常规意义上所认为的,只需要一个电话就能解决的问题,事实上,筛选式的问题可以涵盖一切,它能帮你揭示出很多问题,关键是看你怎么提出这个能筛选信息的问题。

那么,为什么要筛选呢?筛选是为了将目标定得更准确一点,使得双方都不至于浪费时间。因此,可见,筛选要做的第一步就是收集客户资料、帮客户收集有关其目标、选择标准等。当然,筛选式的问题所得到的答案一般不是非常清晰的,而是模糊化的概念。

下面是一个筛选式提问的例子:

客户:我们想提高生产率。

销售人员:这会涉及哪些方面?(问这个问题的目的是寻求提高生产率的具体目标。)

4.澄清式

澄清式的问题是为了确认双方所获得信息的准确性，避免了因为对问题的理解偏差而导致的问题，通常情况下，这种提问的方式发生在电话沟通中，当销售员第一个电话沟通完后，可以通过第二个电话来确认你在第一个电话中的很多不清楚的问题。再者，你可以借助第二个电话慰问客户，这样能够一举两得。

5.核实式

这种提问的答案一般都是"是"或"不是"，在前几个阶段已经成功完成的基础上，你可以顺利得到你想要的答案。但销售人员还要注意的是：

（1）尊重客户，让客户掌握谈话的控制权。

（2）要明确你提问的目的，不能偏离轨道。

（3）注意说话技巧，尽量环环相扣，让客户有提出下一个目标的愿望。

向客户提问，要把握好分寸

提问并不是一些优秀的销售员们都能得出一个销售经验，在销售中，提问的能力与销售的能力是成正比的。他们往往会根据具体的环境特点和客户的不同特点进行有效的提问。可以这么说，问得越多，销售成功的可能性就越大。的确，很多时候，提问能解决很多劝说解决不了的问题，但这并不代表所有的销售员都会充分利用提问的技巧来获得客户的认同，事实上，经常有一些客户在听到销售人员对自己的几次提问后就变得厌烦和不快。这是为什么呢？是因为这些销售人员忽视了在提问时需要特别注意的一些事项，其中，最需要注意的问题之一——提问的分寸把握不当，是导致这一情况出现的原因之一。

1.讲究礼仪，彬彬有礼地提问

提问时的态度一定要足够礼貌和自信，既不要鲁莽，也不要畏首畏尾；要恰当地使用表示尊重的敬语："请教""请问""请指点"等。

2.尊重客户

"我这样讲清楚吗？"

"我都说了这么几遍了，你怎么还不明白？"

在上面两句话中，很明显第一句话的表达是比较好的，因为这句话体现的是对客户的尊重，这句话的意思是，如果客户没有弄明白销售员的意思，则是销售员表达得不够清楚，而是客户的问题，客户自然能接受。

3.观察客户的反应

沟通是双向的，因此，我们的提问一定要能够让客户产生积极的反应，要让客户乐于回答。为此，问话后我们一定要察言观色，从客户的表情、动作中获得信息反馈。当客户答非所问，可能是表示他不感兴趣或不能回答，就要换个方法再问；当客户面露难色时，就不能再穷追不舍，应适时停止。一般不要冒昧地问客户的工资收入、家庭财产、个人履历等问题。

4.征求式提问

想要了解到客户的真正意图，并得出你想要的答案，提问时可以多用一些征求的词，比如"难道你不同意……"尽量养成用这种口气的习惯，比如："难道你不同意我给你的服务，小姐？"

5.引导式提问

当客户还在犹豫不决时，你可以用一些套话的问题来引导一下客户。比如："你已经决定订我们的产品了吗？"千万不要问成："你是不是要订我们的货了？"因为你要问的问题是要带假设性质的，客户只要一回答，答案就明了。

另外，我们对于某些敏感性问题要尽可能地避免，如果这些问题的答案确实对你很重要，那么不妨在提问之前换一种方式进行试探，等到确认客户不会产生反感时再进行询问。

当然，在客户的回答离问题太远时，还要用委婉语控制话题:"这些事你说得很有意思,今后我还想请教,不过我仍希望再谈谈开头提的问题……"自然地把话题引过来。问话时不要板起面孔,"笑容是你的财产",微笑着问话,会使人乐于回答。

做到以上几点,我们大致可以把握住提问时的分寸了。

不断追问,让客户下定购买决心

在现实的销售当中,客户迟迟不愿成交的原因,并不是内心需求没有被满足,而是没有下定决心购买。所以,作为销售员不仅要尽量满足客户需求,还要懂得正确运用提问这一技巧,从而尽量给客户没有反悔的余地,尽可能地刨根问底,提高客户对需求的紧迫感。

小陈是一家电脑公司的销售员,但是他的销售业绩一直不怎么好,自己也不知道是什么原因。

一天,他拜访了一位客户,经过了解,小陈发现,这位客户对于电脑系统的安全性非常重视,针对客户的这点需求,小陈作出了以下提问:

销售员:"那么请您来看一看我们公司的产品吧,使用我们的产品,将为您确保电脑系统的安全性。您有兴趣了解一

提问的技巧

下吗？"

客户："是吗？哦……"

销售员："我们的产品正好可以满足您的要求啊……如果您不试一试，真是太可惜了。"

客户："嗯，也是，你们的产品听起来还不错，不过……"

销售员："我们的产品还有什么您不满意的地方吗？"

客户："没有，只不过我还想再考虑一下……"

小陈败兴而归。在回去总结了工作以后，小陈又开始向另外一家公司推销电脑，但这次，小陈改变了提问的方式。看看下面的销售情景：

销售员："如果您的电脑系统忽然停止工作，并且一天都无法修复，会出现什么情况呢？"

客户："那么我的工作可能无法正常进行，很多重要资料和会议记录也可能无法提取，而且这将会影响到我的客户，那是非常糟糕的事情。"

销售员："那么系统崩溃是如何影响您的客户的呢？"

客户："如果我的策划方案无法按时交给客户，那么我可能会失去客户。"

销售员："如果您的文件因为系统崩溃而全部丢失，您会怎么办？"

客户:"那是我最不想看到的,我可不希望发生这样的事。"

销售员:"那么您来试一试我们的电脑系统吧,它将会给您带来最安心的体验,将为您避免许多麻烦……"

客户:"是吗?那么你们的产品……"

在这一销售案例中,销售员小陈两次的销售经历证明了一点:销售中的提问是有章可循的。在小陈第一次的销售中,虽然他也做到了提问,但是却没有起到预期的效果,这是因为他提问的方法不对,没有对客户刨根问底,客户就没有紧迫感,这就很难让客户做出最终的成交决定。因为在一般情况下,很多时候客户的确有购买的需求,但因为不急着使用或者觉得还可以观望,自然就不会马上购买,这就给销售员的销售工作增加了很大难度,因为客户随时会改变主意。所以,在第二次的销售中,小陈的做法就明显比第一次好得多。当销售员提问后,客户的思维就会跟着销售员走,随着销售员提问的加深,客户感受到的紧迫性就会越来越强,所以就会快速做出成交决定,以获得内心的安全感。只要销售员对客户需求进行实质性的提问,提高客户需求的紧迫感,就能将客户需求转化成购物欲望,使其做出成交决定。

在向客户提问时,销售员一定要有的放矢,切中实质地提出问题,但一定要有一个过程,也就是要刨根问底,让客户感到不购买产品可能会遇到的困难,从而不断提升客户对产品需求的紧迫性,进而更快地实现成交。那么,在实际销售中,这要求销售员该如何提问呢?

1.唤醒客户的内心需求,深化存在的困难

这种提问的方式,就是要提醒客户,因为没有购买产品,他会存在什么样的不便和影响,同时,正面对比,客户在购买产品后,会有什么样的改变,通过前后对比,客户自然能见分晓。

例如在销售员向客户推销落地窗帘时,销售员就可以使用深化困难的提问方式,逐步增加客户需求的紧迫感,提问可以包括以下一些内容:

您在夏日午休的时候,因为阳光高强度的照射,您会感觉不舒服吗?

您不觉得您现在的窗帘和整个客厅的气氛不搭配吗?

您这么高贵的装修难道不应该配上更有质地的落地窗帘吗?

销售员这样不断深化客户所可能遇到的困难,向客户展示缺少产品给客户带来的问题,就能逐渐提高客户对产品需求的紧迫感,从而促使其更快地做出成交决定。

2.持续提醒客户困难的存在

想要让客户的需求转化为购买产品的强烈欲望,销售员还要注意向客户提问的频率,尽量保持提问的连续性。因为客户只有在连续被提问的过程中,对需求的紧迫感才会持续增强,一旦销售员将提问中断,就如同将橡皮筋放松,失去了应有的效果。

3.选择正确的提问方式

(1)循循善诱式提问。这是典型的销售的步骤,这种提问方式是要求销售员一步步地诱导客户跟着他的思路走,让客户没有回想的时间。就好比:"在陈述一个事实前,先做好一个的框架,然后让客户自动跳进去。"这样用一个预先做好的框式,就可以引导客户做出销售员想要的回答。

客户:"有没有一层的房间?"

销售员:"如果我要能找到一层的房间,你是不是肯定能买?"

客户:"你能不能提供10年而不是5年的分期付款?"

销售员:"如果我能提供10年的分期付款,你是不是肯定能买?"

客户:"如果我们今天就决定,你能下个星期一送货吗?"

销售员:"如果我能保证下个星期一送货,我们今天是不是就可以签合同了?"

(2)二选一式提问。选择式提问是销售员常用的一种提问方式,它可以限定客户的注意力,要求客户在限定范围内做出选择,通过这种提问方式,销售员就能掌握整个谈话的主

提问的技巧

动权。

客户:"看来这个阳台最理想的尺寸是26~30厘米,对吗?"

销售员:"对。"

客户:"您想要一个矮墙,还是一个全装玻璃的阳台?"

销售员:"我想要矮墙的,因为可以暖和一点。"

客户:"您想要是双扇窗还是单扇窗,是3个通风孔还是2个呢?"

销售员:"我想要双扇窗,而且是3个通风孔。"

销售员把要介绍的产品分成几类,让客户从中选出一个或几个,这样不仅方便明白,也能让销售员容易找到解决的方法,销售起来更加便捷。

第 10 章
提问是家庭关系的润滑剂，用点心思让家和万事兴

生活中的任何一个人，都希望自己能够有个幸福的家，家里有我们的爱人、孩子、父母，每当身心俱疲的时候，只要我们回家，就有了温暖。然而，要想家庭成员之间融洽相处，就必须要保持愉快的沟通，而在沟通中运用提问法，能深入了解对方的想法，更能轻松化解不和谐的因素，当然，和谐温馨的家庭关系，需要每一个家庭成员的共同努力！

意见不合时,先倾听再询问化解矛盾

夫妻、恋人在一起相处时,难免会出现一些意见不合的时候,只要处理得当,很快便能和好如初。这里的方法莫过于倾听对方内心的想法,因为倾听是一种尊重的表现,更是缓和彼此情绪的重要方法,相反,如果处理方法不当,坚持各抒己见,互不相让,问题没有解决,反而又进入"你不理我,我不理你"的冷战状态,这是婚姻、爱情中的大忌。再者,长期冷战也会导致双方情绪处于压抑和愤懑状态,久而久之,对身心健康也是百害而无一利的。

因此,你要明白,当你与爱人出现意见不合的时候,懂得倾听是避免矛盾产生的重要一环。我们先来看看下面这位女士与丈夫的沟通经历:

有位丈夫大男子主义非常严重,一天,他对妻子说:"这个家我说了算,你要听我的。"

妻子问:"为什么呢?难道上帝赋予了你这个权利吗?"

丈夫说:"我管他什么权利不权利,反正你得听我的。俗话说,男子汉大丈夫,大丈夫的话不听,你听谁的呢?"

妻子说:"好吧,我们意见一致时,我听你的;意见不一致时,你听我的。"丈夫听后,不禁笑了起来。他们就在这笑声中结束了这场争辩。无疑,丈夫的大男子主义也在这笑声中"土崩瓦解"了。

在这场争辩中,由于妻子善于在提问中运用幽默的语言,使冷漠的气氛变得活跃起来,同时使丈夫的大男子主义也得到了改变,可谓起到了一箭双雕的作用。

因此,我们必须明白一点,沟通是为了解决问题而不是一争高下,很多时候,那些看似精明、能说会道的人往往会让情况更糟糕,因为他们不懂得倾听。

那么,在与爱人意见不合时,我们该如何倾听和提问呢?

第一,鼓励对方说出自己的内心感受。生活中,最怕的不是吵架,而是冷战,因为如果双方都不开口,那么,问题永远都解决不了。因此,你不妨主动一点:"能告诉我你为什么会那样想吗?"当然,你还需要注意询问时的语气,不能是咄咄逼人的。

第二,全神贯注。好的聆听者可以让对方产生安全感——让他知道你真心愿意听他诉说。这并不意味一定要遵循"不打断对方"或"保持眼神接触"。关键是你的注意力必须完全放在对方身上,倾听时不要做任何无关的事。

第三,表达认同,可以提问但不要质问。倾听后,你应该理解对方的情绪，比如，丈夫为什么总是想找朋友喝酒？为什么会喝到这么晚才回家？了解丈夫的立场和处境后，可以用理解的口吻向对方表达："我知道那种愉快的气氛下，你很难拒绝朋友的邀约，是吗？"或是"下次碰到这样让你为难的处境，你可以拨电话跟我讨论一下，好吗？"等。

当然，当你心情不痛快、感到压抑的时候，不要硬扛着，要及时向爱人倾诉，把心里的郁闷、烦恼说出来，这是关系自己心理健康的一种积极行动，也是让自己婚姻、爱情幸福起来的最佳途径。

掌握点技巧，问出心爱之人的真实想法

生活中，可能很多男女都遇到过这样的困惑，在某个场合，看到自己心仪的异性，该怎样才能知道对方对自己是不是也有同样的好感呢？正因如此，很多男女都不知道如何把握和异性之间的距离感。事实上，不论男人还是女人，如果对某个异性有好感，从他（她）的一个眼神或一个小动作就能看出来。我们先来看下面的爱情故事：

丽丽和阿杰是在一个聚会上认识的，阿杰被丽丽那双清澈

第10章
提问是家庭关系的润滑剂，用点心思让家和万事兴

的眼睛吸引了，在他看来，丽丽就是他这辈子要娶的爱人。可是令阿杰苦恼的是，他才和丽丽认识不到一周的时间，丽丽长得那么漂亮，又怎么会看上自己这个穷小子呢？他转念又想，几次接触下来，丽丽好像对自己也有点意思。他为此十分纠结，到底怎样才能知道丽丽的心思呢？

阿杰有个学心理学的朋友，在一次谈话中，这个朋友告诉他，看一个女人是不是喜欢你，只要看她的一些小动作便能知道。在朋友的一番指导下，阿杰决定主动试探一下丽丽的态度。

这天，下班后，阿杰把丽丽约到了他们上次见面的咖啡馆，刚开始的时候，他们面对面坐着，两个人谁都没有说话，沉默地喝着咖啡。阿杰想让丽丽先说点什么，但丽丽只顾摆弄自己的手机。"糟了，她肯定对我没意思，不然怎么会一直玩手机呢？"阿杰心想。

"你想点一些别的什么小吃吗？都下班时间了，应该饿了。"阿杰很体贴地提建议。

"不用了，下午我在办公室吃过东西了，再说，我包里还有棒棒糖呢，如果你不介意的话，我可以拿出来吃吗？"丽丽很调皮地说。

"当然可以。"

接下来，阿杰的心终于定下来了，因为他注意到一点，丽

提问的技巧

丽在和他说话的时候，一边吃棒棒糖，一边用手摆弄自己的头发，这也是示爱的动作。

自打这次见面以后，阿杰肯定了丽丽对自己的感觉，于是，他趁热打铁，对丽丽紧追不舍，不到一个月的工夫，他与丽丽就成了男女朋友。

这是一个美好的结局。故事中，青年阿杰不知道丽丽对自己的态度，于是，在朋友的指导下，他通过提问与细心观察，洞察到丽丽对自己也有意思，从而确定了丽丽的想法。

的确，男女双方在不明确对方心意的情况下，都是"艰苦难熬"的，直接表明自己的心意又怕被拒，那么，此时该怎么办呢？其实，你不妨使用心理策略，通过采取一定的语言和动作技巧，探明对方的真实想法。

曾经，有个年轻人爱上了一位姑娘，但却不知道姑娘的心意。

一天，机缘巧合，年轻人和朋友们一起来到姑娘家。年轻人凑到了姑娘旁边，当时，姑娘正在烤火。

年轻人说："你的火炉跟我妈妈的火炉一模一样。"

姑娘随口回答："是吗？"姑娘还以为年轻人只是随便说说。

年轻人又问："你觉得在我家的炉子上你也能烘出同样的碎肉馅饼吗？"他幽默地问。姑娘愣了一下，随即悟出了问话所含的意义。她欢悦地答道:"我可以去试试呀!"

这个小伙子是浪漫的,一个普通的火炉、一种碎肉馅饼都能被他当作表白的工具,很明显,他成功了,这个女孩的回答"我可以去试试呀!"也已表明她愿意接受男孩的爱。

那么,现实生活中,面对自己心爱的人,我们该如何通过一些心理沟通的技巧探知他们的真实想法呢?

1.故意否定法

故意否定法的意思就是,面对你心仪的男孩或女孩,你想知道对方的想法,那么你可以说点反话来试探对方:"我给你介绍个男孩(女孩)认识吧。"如果对方也喜欢你,那么,他(她)必定会很坚决地告诉你:"不用了。"这样的场景恐怕生活中很多恋爱男女都运用过。而相反,如果对方说:"好啊。"那么,你就不得不承认,对方对你没有意思了。

2.以"身"试探

这里的"身",指的就是人的身体,比如,在交谈时,你可以稍微靠近对方,如果对方有意移动身体——离你远点,那么,说明对方对你没有什么意思,而如果对方没有身体上的抗拒,那么,就说明他(她)并不抗拒你。

可见,懂得巧妙沟通,能帮助我们解决恋爱中难以开口的问题——探明对方心意,因为只有了解对方的真实想法,我们才能采取进一步的追求措施，才有可能让亲密关系成长起来。

女人关心男人，但也不要事事追问

在亲密关系中，两个人彼此熟悉、了解，总希望能掌控对方的所有，如此才有安全感，这一点在女性身上尤为明显，然而，任何人都有自己的隐私或不愿提及的苦衷，如果我们能在某些情况下保持沉默，对于爱人来说，可能是莫大的欣慰。有时候，爱人不想回答，是因为他有难以启齿的苦衷，你又何必苦苦相逼呢？

的确，男女之间互相信任，不分彼此是亲密关系的体现。但作为女性，不追问某些问题，更是一种对他的信任，他会感激你的善解人意。

秦女士有个幸福的家庭，这些年，她经营自己的服装店，丈夫开了一家工厂，全家日子过得红红火火，秦女士手上也存了不少的私房钱。但她对丈夫的事业从不过问，第一，她不懂丈夫那行；第二，她充分信任丈夫。

这天，恰逢她和丈夫结婚十周年，她早早地关了店门，买了蛋糕，买了菜，回家做了满满一桌子菜，等待丈夫早点回来,她特地没有提醒丈夫今天这个特殊的日子,因为她知道丈夫一定记得,每年这天,她都会收到来自丈夫的玫瑰花。

时间一分一秒地过去,丈夫并没有回来。她看着手机,等待丈夫的电话,但也没有。到了十二点多,当她准备收拾饭菜时,门开了,丈夫推门进来了,不,这分明是一个醉汉!出了什么事?平时那个意气风发的丈夫怎么喝了这么多酒?秦女士揣测着,但她并没有问。

"老婆,对不起,我记得今天的日子,但我心情实在不好,对不起……"

"没事的,明年再过也行啊。"她安慰丈夫道,她知道这个男人肯定遇到了什么难过去的坎儿,她等待着丈夫自己说。

"老婆,你能不能先把你的五十万元存款拿给我……"五十万?这可是笔不小的钱,是秦女士这么多年的存款!但秦女士明白,丈夫是个要强的人,从没在自己这里拿过一分钱,他既然开口,肯定是不得已的,因此,她赶紧说:"当然可以,我们是夫妻,这么多年了,还说这么见外的话。"

当她把银行卡拿给丈夫的时候,丈夫一把抱住了她。他很庆幸,自己娶了个好女人。

一个星期后,丈夫把那张卡拿给她:"老婆,谢谢你,现在这些钱还给你。"她倒也不客气,收下了这笔钱。

"你不问问我拿你这些钱去干什么了?"丈夫很好奇。

"我相信你,你跟我开口,肯定遇到了什么难处,我相信你能做到,你看,今天我的愿望不是达到了吗?"

"看来,我们彼此都没找错人,哈哈……前几天,工厂副总拿着公司的钱走了,我到处筹钱,就差五十万,当时想到了你……"

这则案例中的秦女士就是个善解人意的女人,在丈夫向自己求助的时候,她并没有追问丈夫拿钱的原因,因为她明白,丈夫必定有不愿意说出来的原因——一个男人,事业出现问题,是不愿意告诉妻子的,因为这是一种失败的体现。

可现实生活中的很多人,尤其是女性,却并不能体会爱人的心情,她们似乎总是在发挥自己的口才,喋喋不休地问男人为什么,然而,你想过没?既然他不愿意告诉你,必然是有其苦衷的,那么,为何不尊重他呢?

那么,哪些问题是男人不愿意回答的呢?具体来说,可以归结为以下几类:

1. "你想什么呢?"

男人最怕女人入侵他们的脑袋,他又不想让你生气,所以回答也不是,不回答也不是。面对他的尴尬,你会觉得自己在自讨没趣,所以还是让他去梦想吧。

2.不要问男人曾经的恋情

对于男人来说，过去的恋情就如同身上的伤痛，每被提及一次，就会痛一次，那么，你又何必去揭这层伤呢？

3.不要问男人为什么喝酒

现代社会交往增多，很难想象一个男人完全没有社会交际。

要交际就有酒局，喝酒多了也是常事。女人要明白，男人喝多了酒，没几个是自找的。想想那些社交场合，领导让喝不喝行吗？遇到比自己阶层低的人敬酒，不喝就是不给面子，怎么好意思呢？遇到多年不见的朋友，那就是一醉方休了。

女人在男人醉酒后，问男人明明知道醉酒伤身，又没那么大的酒量，为什么要喝那么多呢？你让男人怎么回答呢？

中国男人最要面子，这层窗户纸是不可以捅破的。

4.不要在男人求助时问为什么

偶尔，男人会身体不舒服，他躺在沙发上看电视，但作为妻子的你却看不惯，于是，你会说："一个大男人坐没坐相，躺没躺相，像什么样子。"男人告诉你，让你给他倒杯水，但你却心里不痛快，不情愿地说："你没长着手，为什么要我给你倒。"其实，你并不知道男人生病了。你觉得一个男人生病了应该躺在床上，而不是懒散地躺在沙发上，但无论如何，如果你给他递上了一杯水，他的心里必定是温暖的。

而相反，你的这句话会让他觉得：我为了这个家如何如何，这么一想，气不打一处来，数落女人的可能性就会增大。在气头上的女人，如何能够接受，必然要起一场不小的战争。

5.不要问男人为什么在事业上没有起色

生活中，这样的女人并不少见，她们将自己的命运寄托在男人身上，所谓"夫荣妻贵"；此外，为了满足她们的虚荣心和依赖性，她们不惜给丈夫施加各种压力。当然，鼓励丈夫发奋图强并没有错，但是，如果不根据实际情况，盲目制造压力，可能会适得其反。

生活中的女人们，想一想，你是否曾将这些话脱口而出呢？记住，如果在不恰当的时间提出这样的问题，可能会影响到两人的关系。所以"谨言慎行"也是女人的一种智慧。

妻子与丈夫聊天，别用审问的口气质疑他

谈到婚姻，男人说："幸福的婚姻有一个共同点，妻子都特别'好'。"女人不同意："男人在干吗？"男人又说："好男人都是靠培养的，所以有'好女人是一所学校'这句

话。"的确，因为女人聪明，女人心细，女人在家庭中占的分量更重，婚姻便成了一支以女人为主的交谊舞，舞跳得好不好，很大程度上取决于女人怎么带。到底什么样的女人才最能打动男人的心呢？很多女人认为，是女人的善良、温柔、勤勉。诚然，这是好妻子的表现，但真正聪明的女人除了具备以上的品格外，还有个非常重要的特质，那就是会说话，他们很善于抓住男人的心，巧妙地将自己在生活中的情感、愿望、意图表达出来。聪明的妻子在任何时候，都能掌握主动，即使有时候面对某些信任问题，她们也不会用审问的口气质疑丈夫。

而事实上，在现实生活中，却有这样一些妻子，他们总是希望男人二十四小时向自己报告行踪，一旦男人回来晚了，或者发现某些所谓的"蛛丝马迹"，便对男人大肆盘问，实际上，你要知道，每个人都有自己的生活空间，他是独立的个体，并不是你的一部分，因此，如果你发觉他真的向你隐瞒了某些事实，不妨巧妙引导他说出来，而不是用审问的口气质疑他。我们先来看看下面这样一则婚姻故事：

小黄和小美经过一段时间的了解，双方都对对方比较满意。在双方父母的祝福下，他们结婚了。

一天晚上，小黄很晚还没回家，小美就给小黄的几个朋友打电话，结果他们都不知道小黄在哪，小美索性就坐在沙发上等，直到十点半，小黄才回来。

见到小黄，小美劈头就问："你到哪儿去了，这么晚才回来？亲爱的，你知道我爱你，你可不能对不起我呀！"

小黄听了这话就很生气，说："我怎么对不起你了？我在单位加班了，你如果不信任我，那咱俩就离婚！"

结果，结婚还不到一个月的小两口，就离婚了。

的确，爱情与婚姻都是建立在真诚、理解和信任的基础上的。上例中，不能说妻子小美不爱丈夫，但由于她表达不当，所以在别人看来是质疑的态度。她倘能在小黄回来后，说出一番"亲爱的，你这么晚回来真让我担心。现在社会治安不好，以后如果没要紧的事，晚上尽量早点回来，好吗？"等关爱的话，对方听后感动都来不及，又怎么会心生反感呢？

那么，具体来说，妻子如何提问才能让丈夫易接受呢？

1.以尊重男人为前提

只要在交流中不突破这个底线，基本上便不会出现问题。生活中，一些妻子在与丈夫交流时，之所以会出现问题，几乎都是因为突破了尊重这个底线。

人是非常在意脸面的，在意脸面就是在意尊重。男人更是好面子的动物。有句话说得再明白不过了，"人活的就是一张脸"。所以在日常生活的交流过程中，妻子更要明白这一个道理，一定要守住底线：尊重！只要你心中有尊重，你就会注意自己说话的态度和措辞，就不会说话不走脑子，信口开河，逮着什么说什么，把语言当成武器来伤害自己最亲近的爱人了。

2.不要过问对方的"交流雷区"

生活中，每个人都有自己的交流"禁地"，也就是不愿被人提及的话题，或是身体上的某种问题，或者是曾经做过的丢脸的事，等等。作为妻子的你，和丈夫生活已久，应该熟悉对方的"交流禁地"。

因此，即使你对丈夫心生疑虑，也不可拿这些交流禁忌问题出来伤害对方，比如："你别以为我不知道，你当初那些风流韵事，在单位是出了名的。"别以为这样说是帮你出了一口恶气，这样说，除了伤害了你的爱人，让他离你更远以外，没有任何其他效果。

3.以理服人

中国人有个弱点，习惯于"熟不讲理"。因为熟了，就会觉得无所谓，说话办事就会不注意态度和方式方法了，容易直来直去，正因如此，往往在不经意间就伤害了对方的感情。婚后女人更被认为是不讲理的最大群体。

很多妻子和丈夫在一起生活时间长了，就会熟到了忽略对方的存在，真正成了"熟视无睹"。"不讲理"的程度也更甚一层，有话也不好好说，开口就是讽刺、挖苦、打击、揭短，语言粗俗，态度蛮横。尤其是家中的"大女权主义"者，甚至当着外人的面，也口不留情，常常弄得爱人窘迫异常，下不来台。这样的交流后果可想而知。

妻子在日常中与丈夫交流时，应该把握好以上三点，而不是以质疑的语气，如果再加上点幽默、风趣，交流便会成为夫妻日常生活中的一道靓丽风景线。

家庭教育中，父母要用提问引导亲子间的交流

刘太太有个3岁的女儿，一天，她正在客厅里摆吃饭的桌子，这时，孩子外婆端着一盘菜，带着孙女进客厅里来说："听一听,你姑娘讲什么吗？"

刘太太没注意听孩子外婆的话，依然在摆碗筷，孩子奶奶又说："做妈妈的，就是再忙，也不要忽视孩子的想法。"

刘太太顿时明白了，于是，她停下手中的事，走到女儿身边，牵着她的手问："宝宝,想说什么？"

3岁的女儿看着妈妈说："我要学做菜，不然我长大怎么当外婆？"

刘太太、孩子外婆还有刘先生听完哈哈大笑，孩子外婆笑着补充："我看见她站在厨房不走，我就叫她进客厅玩，既凉快又有电视看，等着吃饭就行了，谁知她说……你讲这孩子，她咋就知道将来她是当外婆的？当奶奶难道就不行？笑死

人了……"

刘太太说，后来女儿一直惦记着这件事，所以7岁已学会做饭，召集小朋友来家里搞活动，这时候，刘太太和刘先生就会到外婆家住一天，让他们四五个小朋友商量一日三餐买什么菜，买多少，自己去采购，自己出钱，自己做，而每次当刘太太回到家的时候，家里也已经收拾得干干净净了。

这里，刘太太的教育方法值得我们学习，在孩子外婆的建议下，她停下手中的事，通过提问鼓励孩子说出自己的想法，并且因为有她的支持，孩子的动手能力也得到了提升。

而在现实的生活中，不少家长抱怨孩子越来越不和自己说话了。一方面他们很想帮助自己的孩子，另一方面孩子根本不愿意多说，又怎么能让孩子对你敞开心扉，又怎么能了解孩子呢？是不是我们的孩子天生就不喜欢和父母说心里话呢？恐怕也不是。一般孩子不愿和父母说心里话大多数是我们父母的原因。

甚至有些孩子渴望与家长沟通，但家长却以"忙""没时间"等为理由拒绝，甚至被家长压制、呵斥，所以，他们想倾诉的愿望并没有得到家长的理解和尊重，甚至一些孩子每次与家长谈心里话都会受到不同程度的伤害，慢慢地自然就与家长疏远了。

有一位上五年级的女孩子，学习成绩优异，人缘也很好。有一天她收到同学的一封求爱信，心里很惊慌，于是，她就把信交给了妈妈,本想从父母处求得解脱的方法,没想到妈妈却用"苍蝇不叮无缝的蛋"恶语相伤。从此后,孩子再也不和家长讲心里话了。

家长此时不该轻易地责备孩子,而是要感悟孩子,然后给予他需要的帮助。孩子虽然不希望家长管束,但却不能完全地独立,很多时候,他们希望父母能帮助自己,而有些父母的态度却让他们退却了。

为此,教育心理学家指出,在亲子交流中,家长要主动承担引导的任务,孩子毕竟是孩子,如果家长在孩子有倾诉欲望时置之不理,久而久之,孩子就不愿意和父母说话了,家长鼓励孩子多说,其中最重要的方法之一就是提问,聪明的家长往往能在一问一答中让孩子畅所欲言。用提问法引导孩子多说,具体来说,有这样一些步骤:

1."蹲下来看孩子"

理解孩子就要学会和孩子沟通。怎样沟通?就是"融进去,渗出来"。有一个故事是这样讲的:

有一位国王的儿子生了一种怪病,认为自己是公鸡。别人与他讲话他就学鸡叫。有一个人找到国王说他能治好王子的病。他一看到王子,就钻到案子底下学鸡叫,两人一下子通了,在一起玩、吃、住。慢慢两个人感情深了。突然有一天,这个人说,我要变成人了,王子也说,我也要变成人了。

这个寓言故事很好地阐述了"蹲下来看孩子"的教育理念，也就是说，蹲下来，你才能看到和孩子眼睛里一样的世界，才能理解孩子看到了什么，在想些什么。只有这样，才可以达到有效的沟通。

2.用提问引导和鼓励孩子多说

有这样一个孩子，他在画画，画作结束后，妈妈看到的是漆黑一团的画纸，便好奇地问："宝贝，画上画的是什么？"他说："妈妈，我画了很多花，还有很多在旁边飞舞的蝴蝶，它们飞呀飞呀，最后飞累了，天也黑了，就变成了漆黑一团。"

很多父母遇到这种情况，也许还没来得及好好听孩子说话，就给孩子当头一棒，这样做，孩子会觉得十分委屈和茫然，在他看来，他的画如此美丽，他也用了很多心去画，但却被父母说得一文不值，那他以后还怎么敢去大胆地想象？更严重的是，他怎么还会有画画的兴趣呢？

3.认真倾听，别打断孩子

当孩子想做或不想做某件事时，家长不要马上教育他，可以停下手中的活儿，先听听孩子想说什么。在倾听时，家长和孩子要有目光交流，要有点头、微笑等肢体语言的反馈，但不要随意打断，只要让孩子觉得你在用心听他说话，他就愿意继续往下说，说得清楚。这也是对孩子表达感受和需求的一种鼓励。

总之，如果你的孩子有倾诉的愿望，想要跟你说话时，父母最好马上停下来，再以提问法鼓励他说出来，他也需要表达他的想法、感觉、欲望和意见，从而获得安全感和父母的理解与帮助。

关心孩子，但不要喋喋不休地询问

小娟是某中学初二的学生，也是一个三口之家的独生女，她就是家里的"小公主"，爸爸妈妈生怕她遇到什么不开心或者委屈的事。可以说，除了工作外，他们把所有的精力都投到小娟的身上，小娟也一直感觉自己很幸福。可是一上中学后，特别是到了初二，小娟的爸妈发现，女儿好像变了很多，好像心里总是有很多秘密似的，而女儿也不主动与自己沟通了，这让他们很担忧，他们很害怕，所以努力想改善现在的关系，于是，在小娟生日那天，他们特地带着小娟去了她最喜欢的自助餐厅。

来到餐厅后，妈妈取了很多小娟最爱吃的食物，然后和爸爸一起对小娟说："生日快乐！"他们本以为小娟会开心地一笑，没想到小娟只是很冷淡地说了一句："谢谢！"这让他们感到很意外。

"为什么，你不开心吗？记得你小时候最喜欢我们给你过生日了！"妈妈疑惑地问。

"没什么,吃吧!"小娟依旧低着头,轻声说。

"大宝,你要是遇到什么学习上的问题,一定要跟妈妈说。"妈妈继续说。

"真的没什么。"小娟已经有点不耐烦了。

"可是你今天真的很不对劲啊,你要是不跟我说的话,明天我就去学校问老师。"

"你怎么总喜欢这样啊,烦不烦?"小娟的分贝提高了很多。

这时,爸爸打破了母女之间的尴尬,笑呵呵地说:"我们女儿长大了啊!女儿说说,今天在学校都发生了什么新鲜事儿啊?"

小娟抬起头,淡淡地说:"没什么事儿,每天都一样上课、下课。"爸爸不知该如何接口,饭桌上一片沉默。

我们发现,这段亲子间的对话毫无效果,其实原因是多方面的,作为母亲,小娟的妈妈虽然关心孩子,但在沟通技巧上还有待学习与提高:没完没了、喋喋不休地询问,只会让孩子感觉很烦,自然不愿与你继续交流。

作为父母,我们都知道,孩子需要被关心和呵护,一个不小心,就可能学习成绩下滑、早恋或者结交一些不良朋友等,因此,多半时候,我们都会对孩子的一举一动相当敏感,总是担心他们这个弄不好,那个弄不好。其实作为父母应该相信孩子,给孩子独立的空间。有的时候孩子的一些行为，父母不认同。其实只要不是原则上的错误，不如让孩子自己去碰碰钉子。

父母本来应是孩子最愿意倾诉衷肠的对象，然而，在不少家庭中，这种情况往往就改变了，父母的问候变成了唠叨，关心却招来孩子的厌烦。虽然孩子渴望倾诉、渴望理解、渴望关心，但他们不希望父母像审犯人一样审问自己的一言一行，这就为父母与孩子沟通造成了很大的障碍。那么，家长在这种情况下应该怎么做呢？对此，教育心理学家建议我们在与青春期的孩子沟通时做到：

1.少说话，善于察言观色

日常生活中，我们对孩子的关心不一定全部要通过语言来体现，我们不妨学会察言观色，从一些小细节上发现孩子细微的变化。

另外，即使与孩子交流，我们也要对他们的反应敏感些。孩子对谈话内容感兴趣时，可将话题引向深入，一旦发现孩子有厌烦情绪，就应立即停止，或转移话题，以免前功尽弃。另外，即使找到交流的话题，也应力求谈话简短有趣、目的明确，切忌啰嗦，以免造成切入点选择准确，但交流效果不佳的情况。

2.用行动代替语言来表达对孩子的关心

沟通不一定是"用嘴说"，也可以用行动来表达。

文慧是个单亲家庭的孩子，她的母亲在她三岁的时候就离开了。她的父亲就身兼母职，独自抚养文慧。但父亲因为经常出差，出门前总会在冰箱上留一个便条："里面有一杯牛奶，三个西红柿，请不要忘记吃水果。"在写字台上留张条："请注意坐姿，别忘了做眼保健操等。"

多年以后，文慧考上了大学，父亲为她整理东西时，竟然发现她把这些纸条全揭下来并完整地夹在书本中。父亲的眼睛一下子湿润了——原来女儿的情感之门始终是向自己敞开的，对自己的关爱也始终珍藏在心底。

3.关心孩子不一定非得询问学习情况

同样，作为父母，我们若想和孩子沟通，就需要多关注孩子除了学习外的其他方面，如果你的孩子是个时尚迷，那么，你可以默默帮他搜集一些信息，孩子在感激后自然愿意与你一起讨论最新的时尚信息；如果你的孩子爱唱歌，你可以在节假日为孩子买一张演唱会门票，相信你的孩子一定备受感动，因为他的父母很贴心、明事理。

这种类型的交流是"润物细无声"式的，它没有居高临下的威迫感，而是极具亲和力，孩子也容易打开心扉，接受与父母的交流。

当然，让孩子打开心扉，与孩子交流的方式、方法远不止这些。但总的原则是：一定要让孩子觉得父母是在真正地关心他，并且是从心底里关心的那种。

参考文献

[1]杨景云.1分钟问到关键：善用提问的实用技巧[M].北京：中国纺织出版社，2017.

[2]布朗，基利.学会提问：原书第12版[M].许蔚翰，吴礼敬，译.北京：机械工业出版社，2021.

[3]费德姆.提问的艺术：沃顿商学院写给管理者的提问指南[M].闫宁，译.北京：人民邮电出版社，2016.

[4]韩根太.学会提问[M].王瑞，徐自强，译.成都：四川文艺出版社，2020.